工业机器人工装设计
（第2版）

总主编　谭立新

主　编　李德尧　皮　杰

副主编　文铁兵　周正军

北京理工大学出版社
BEIJING INSTITUTE OF TECHNOLOGY PRESS

图书在版编目（CIP）数据

工业机器人工装设计 / 李德尧，皮杰主编. -- 2 版
. -- 北京：北京理工大学出版社，2021.9 (2023.8重印)
ISBN 978 - 7 - 5763 - 0437 - 4

Ⅰ．①工… Ⅱ．①李… ②皮… Ⅲ．①工业机器人 -
教材 Ⅳ．①TP242.2

中国版本图书馆 CIP 数据核字（2021）第 200092 号

出版发行 / 北京理工大学出版社有限责任公司
社　　址 / 北京市海淀区中关村南大街 5 号
邮　　编 / 100081
电　　话 / (010) 68914775（总编室）
　　　　　 (010) 82562903（教材售后服务热线）
　　　　　 (010) 68944723（其他图书服务热线）
网　　址 / http：//www.bitpress.com.cn
经　　销 / 全国各地新华书店
印　　刷 / 北京虎彩文化传播有限公司
开　　本 / 787 毫米×1092 毫米　1/16
印　　张 / 10
字　　数 / 230 千字
版　　次 / 2021 年 9 月第 2 版　2023 年 8 月第 4 次印刷
定　　价 / 52.00 元

责任编辑 / 封　雪
文案编辑 / 封　雪
责任校对 / 周瑞红
责任印制 / 施胜娟

总 序

2017年3月，北京理工大学出版社首次出版了工业机器人技术系列教材，该系列教材是全国工业和信息化职业教育教学指导委员会研究课题《系统论视野下的工业机器人技术专业标准与课程体系开发》的核心成果，其针对工业机器人本身特点、产业发展与应用需求，以及高职高专工业机器人技术专业的教材在产业链定位不准、没有形成独立体系、与实践联系不紧密、教材体例不符合工程项目的实际特点等问题，提出运用系统论基本观点和控制论的基本方法，在系统全面调研分析工业机器人全产业链基础上，提出了工业机器人产业链、人才链、教育链及创新链"四链"融合的新理论，引导高职高专工业机器人技术建设专业标准及开发教材体系，在教材定位、体系构建、材料组织、教材体例、工程项目运用等方面形成了自己的特色与创新，并在信息技术应用与教学资源开发上做了一定的探索。主要体现在：

一是面向工业机器人系统集成商的教材体系定位。主体面向工业机器人系统集成商，主要面向工业机器人集成应用设计、工业机器人操作与编程、工业机器人集成系统装调与维护、工业机器人及集成系统销售与客服五类岗位，兼顾智能制造自动化生产线设计开发、装配调试、管理与维护等。

二是工业应用系统集成核心技术的教材体系构建。以工业机器人系统集成商的工作实践为主线构建，以工业机器人系统集成的工作流程（工序）为主线构建专业核心课程与教材体系，以学习专业核心课程所必需的知识和技能为依据构建专业支撑课程；以学生职业生涯发展为依据构建公共文化课程的教材体系。

三是基于"项目导向、任务驱动"的教学材料组织。以项目导向、任务驱动进行教学材料组织，整套教材体系是一个大的项目——工业机器人系统集成，每本教材是一个二级项目（大项目的一个核心环节），而每本教材中的项目又是二级项目中一个子项（三级项目），三级项目由一系列有逻辑关系的任务组成。

四是基于工程项目过程与结果需求的教材编写体例。以"项目描述、学习目标、知识准备、任务实现、考核评价、拓展提高"六个环节为全新的教材编写体例，全面系统体现工业机器人应用系统集成工程项目的过程与结果需求及学习规律。

该教材体系系统解决了现行工业机器人教材理论与实践脱节的问题，该教材体系以实践为主线展开，按照项目、产品或工作过程展开，打破或不拘泥于知识体系，将各科知识融入项目或产品制作过程中，实现了"知行合一""教学做合一"，让学生学会运用已知的知识和已经掌握的技能，去学习未知的专业知识和掌握未知的专业技能，解决未知的生产实际问题，符合教学规律、学生专业成长成才规律和企业生产实践规律，实现了人类认识自然的本原方式的回归。经过四年多的应用，目前全国使用该教材体系的学校已超过140所，用量超过十万多册，以高职院校为主体，包括应用本科、技师学院、技工院校、中职学校及企业岗前培训等机构，其中《工业机器人操作与编程（KUKA）》获"十三五"职业教育国家规划教材和湖南省职业院校优秀教材等荣誉。

随着工业机器人自身理论与技术的不断发展、其应用领域的不断拓展及细分领域的深化、智能制造对工业机器人技术要求的不断提高，工业机器人也在不断向环境智能化、控制精细化、应用协同化、操作友好化提升。随着"00"后日益成为工业机器人技术的学习使用与设计开发主体，对个性化的需求提出了更高的要求。因此，在保持原有优势与特色的基础上，如何与时俱进，对该教材体系进行修订完善与系统优化成为第2版的核心工作。本次修订完善与系统优化主要从以下四个方面进行：

一是基于工业机器人应用三个标准对接的内容优化。实现了工业机器人技术专业建设标准、产业行业生产标准及技能鉴定标准（含工业机器人技术"1＋X"的技能标准）三个标准的对接，对工业机器人专业课程体系进行完善与升级，从而完成对工业机器人技术专业课程配套教材体系与教材及其教学资源的完善、升级、优化等；增设了《工业机器人电气控制与应用》教材，将原体系下《工业机器人典型应用》重新优化为《工业机器人系统集成》，突出应用性与针对性及与标准名称的一致性。

二是基于新兴应用与细分领域的项目优化。针对工业机器人应用系统集成在近五年工业机器人技术新兴应用领域与细分领域的新理论、新技术、新项目、新应用、新要求、新工艺等对原有项目进行了系统性、针对性的优化，对新的应用领域的工艺与技术进行了全面的完善，特别是在工业机器人应用智能化方面进一步针对应用领域加强了人工智能、工业互联网技术、实时监控与过程控制技术等智能技术内容的引入。

三是基于马克思主义哲学观与方法论的育人强化。新时代人才培养对教材及其体系建设提出了新要求，工业机器人技术专业的职业院校教材体系要全面突出"为党育人、为国育才"的总要求，强化课程思政元素的挖掘与应用，在第2版教材修订过程中充分体现与融合运用马克思主义基本观点与方法论及"专注、专心、专一、精益求精"的工匠精神。

四是基于因材施教与个性化学习的信息智能技术融合。针对新兴应用技术及细分领域及传统工业机器人持续应用领域，充分研究高职学生整体特点，在配套课程教学资源开发方面进行了优化与定制化开发，针对性开发了项目实操案例式MOOC等配套教学资源，教学案例丰富，可拓展性强，并可针对学生实践与学习的个性化情况，实现智能化推送学习建议。

因工业机器人是典型的光、机、电、软件等高度一体化产品，其制造与应用技术涉及机械设计与制造、电子技术、传感器技术、视觉技术、计算机技术、控制技术、通信技术、人工智能、工业互联网技术等诸多领域，其应用领域不断拓展与深化，技术不断发展与进步，本教材体系在修订完善与优化过程中肯定存在一些不足，特别是通用性与专用性的平衡、典型性与普遍性的取舍、先进性与传统性的综合、未来与当下、理论与实践等各方面的思考与运用不一定是全面的、系统的。希望各位同仁在应用过程中随时提出批评与指导意见，以便在第 3 版修订中进一步完善。

谭立新

2021 年 8 月 11 日于湘江之滨听雨轩

前言

工装就是工艺装备的简称，工艺装备就是将零件加工至设计图样要求所必备的基本的条件和手段，工艺装备包括加工设备、夹具模具、量具、刀具和工具等。

设计和使用工装夹具，能够使零件迅速而准确地安装于夹具中的确定位置，从而保证零件的加工质量满足要求，减少废品率，提高生产效率，改善劳动者的劳动条件，这就是夹具在生产中得到广泛应用的原因。工装夹具一般用于工件的加工或焊接过程中。

工装主要用于生产，因此我们在设计的过程中要理论结合实际，充分考虑问题的方方面面，不能只考虑局部，因为不整体的考虑可能会影响到其他的地方，造成干涉或者其他的问题。同时在设计时也要充分考虑到工装夹具的实用性、经济性、可靠性、艺术性等。

现代工业机器人工作生产中，需要设计不同样式的工装来满足生产的需要。本书共七个项目任务，主要讲解了：

- 吸附式上下料机器人工作站工装设计
- 夹取式搬运机器人工作站工装设计
- 抛光打磨机器人工作站工装设计
- 装配机器人流水线（或工作站）工装设计
- 工业机器人输送线
- 焊接机器人工作站工装设计
- 工业机器人工具快换装置应用工装设计

这七个项目任务，基本包含了工业机器人在生产领域中常用的一些生产工艺。在工艺的要求下进行工装设计，全是生产线上实践的项目，书中内容简明扼要、图文并茂、通俗易懂，适合高等职业院校、中等职业院校工业机器人技术、电气自动化技术等相关专业学生作为教材使用，也适合从事工业机器人工装设计、工业机器人集成生产线的人员及本科院校的人员进行学习。

本书由李德尧、皮杰任主编，文铁兵、周正军任副主编。谭立新教授作为整套工业机器人系列丛书的总主编，对整套图书的大纲进行了多次审定、修改，使其在符合实际工作需要的同时，便于教师授课使用。

在丛书的策划、编写过程中，湖南省电子学会提供了宝贵的意见和建议，在此表示诚挚的感谢。同时感谢为本书中实践操作及视频录制提供大力支持的湖南科瑞特科技股份有限公司。

尽管编者主观上努力想使读者满意，但书中难免有不足之处，欢迎读者提出宝贵建议。

编　者

目 录

项目一

吸附式上下料机器人工作站工装设计

1.1 项目描述

本项目的主要内容为吸附式上下料机器人工作站工装设计，包括：末端执行器的设计、机器人底座设计、预定位装置设计、气压传动系统设计和机器人工作站布局。

1.2 教学目的

通过本项目的学习与实践，学生应：
(1) 了解搬运机器人工作站的定义、特点和基本组成部分；
(2) 了解 KUKA-KR 10 R1100 sixx 机器人的工作范围和相关参数；
(3) 掌握工件六点定位原理；
(4) 熟悉夹具设计的基本步骤；
(5) 能够对多类型吸附式上下料机器人末端执行器进行工装设计；
(6) 能够对机器人底座进行设计；
(7) 能够设计工件预定位装置；
(8) 能够对末端执行器进行气动设计；
(9) 能够对吸附式上下料机器人工作站进行合理布局。

1.3 知识准备

1.3.1 认识搬运机器人工作站

1.3.1.1 搬运机器人工作站的定义

搬运机器人（transfer robot）是可以进行自动化搬运作业的工业机器人。最早的搬运机器人出现在美国，1960 年 Versatran 和 Unimate 两种机器人首次用于搬运作业。

搬运作业是指用一种设备握持工件，从一个加工位置移到另一个加工位置的过程。如果采用工业机器人来完成这个任务，整个搬运系统则构成了工业机器人搬运工作站。给搬运机器人安装不同类型的末端执行器，可以完成不同形态和状态的工件搬运工作。

目前世界上使用的搬运机器人逾 10 万台，被广泛应用于机床上下料、冲压机自动化生产线、自动装配流水线、码垛搬运集装箱等的自动搬运。部分发达国家已制定出人工搬运的最大限度，超过限度的必须由搬运机器人来完成。

1.3.1.2 搬运机器人工作站的特点

（1）应有物品的传送装置，其形式要根据物品的特点选用或设计；

（2）可使物品准确地定位，以便于机器人抓取；

（3）多数情况下设有物品托板，或机动或自动地交换托板；

（4）有些物品在传送过程中还要经过整型，以保证码垛质量；

（5）要根据被搬运物品设计专用末端执行器；

（6）应选用适合于搬运作业的机器人。

1.3.1.3 搬运机器人工作站的组成

工业机器人搬运工作站是一种集成化的系统，由工业机器人系统、PLC 控制柜、机器人安装底座、输送线系统、平面仓库、操作按钮盒等组成，并与生产控制系统相连接，以形成一个完整的集成化的搬运系统。整体布置如图 1-1 所示。

1. 搬运机器人及控制柜

如图 1-2 所示安川 MH6 机器人是通用型工业机器人，既可以用于弧焊又可以用于搬运。搬运工作站选用安川 MH6 机器人，完成工件的搬运工作。

MH6 机器人系统包括 MH6 机器人本体、DX100 控制柜以及示教编程器。DX100 控制柜通过供电电缆和编码器电缆与机器人连接。

如图 1-3 所示为安川 DX100 控制柜，该控制柜集成了机器人的控制系统，是整个机器人系统的神经中枢。它由计算机硬件、软件和一些专用电路构成，其软件包括控制器系统软件、机器人专用语言、机器人运动学

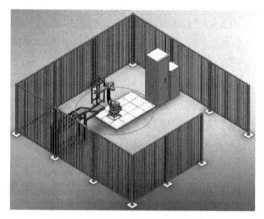

图 1-1　搬运机器人工作站组成

及动力学软件、机器人控制软件、机器人自诊断及保护软件等。控制器负责处理机器人工作过程中的全部信息和控制其全部动作。

机器人示教编程器是操作者与机器人间的主要交流界面。操作者通过示教编程器对机器人进行各种操作、示教、编制程序，并可直接移动机器人。机器人的各种信息、状态通过示教编程器显示给操作者。此外，还可通过示教编程器对机器人进行各种设置。

由于搬运的工件是平面板材，所以可以采用真空吸盘来夹持工件。故在安川 MH6 机器人本体上安装了电磁阀组、真空发生器、真空吸盘等装置。

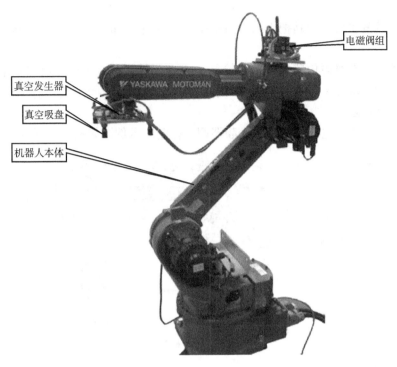

电磁阀组

真空发生器

真空吸盘

机器人本体

图 1 - 2　安川 MH6 机器人本体

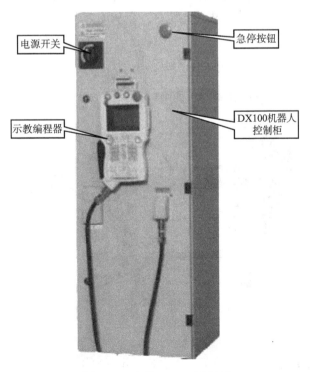

电源开关

急停按钮

示教编程器

DX100机器人
控制柜

图 1 - 3　安川 DX100 控制柜

2. 输送线系统

输送线系统的主要功能是把上料位置处的工件传送到输送线的末端落料台上，以便于机器人搬运。

上料位置处装有光电传感器，用于检测是否有工件，若有工件，将启动输送线，输送工件。输送线的末端落料台也装有光电传感器，用于检测落料台上是否有工件，若有工件，将启动机器人来搬运。

输送线由三相交流电动机拖动，变频器调速控制。示例图如图1-4所示。

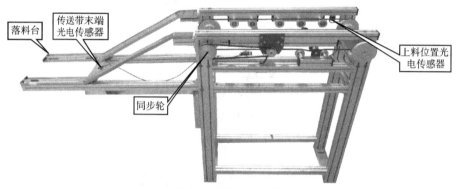

图1-4　输送线系统

3. 平面仓库

平面仓库用于存储工件。平面仓库有一个反射式光纤传感器用于检测仓库是否已满，若仓库已满将不允许机器人向仓库中搬运工件。示例图如图1-5所示。

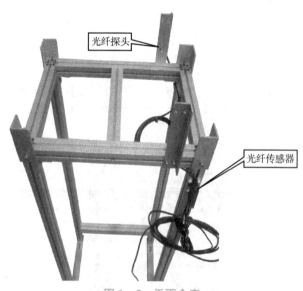

图1-5　平面仓库

4. PLC控制柜

PLC控制柜用来安装断路器、PLC、变频器、中间继电器、变压器等元器件，其中PLC是机器人搬运工作站的控制核心。搬运机器人的启动与停止、输送线的运行等，均由PLC实现，如图1-6所示。

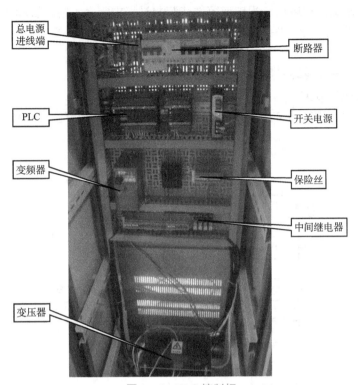

图 1 - 6　PLC 控制柜

5. 机器人末端执行器

如图 1 - 7 所示为工业机器人的末端执行器，也叫作机器人手爪，它是装在工业机器人手腕上直接抓握工件或执行作业的部件。

图 1 - 7　机器人末端执行器

1）末端执行器的分类

（1）按用途分类。

①手爪。

具有一定的通用性，它的主要功能是：抓住工件，握持工件，释放工件。

抓住——在给定的目标位置和期望姿态上抓住工件，工件在手爪内必须具有可靠的定位，保持工件与手爪之间准确的相对位置，以保证机器人后续作业的准确性。

握持——确保工件在搬运过程中或零件在装配过程中定义了的位置和姿态的准确性。

释放——在指定点上除去手爪和工件之间的约束关系。

②工具。

工具是进行某种作业的专用工具，如喷漆枪、焊具等。

（2）按夹持原理分类。

如图1-8所示，按手爪的夹持原理分为机械类、磁力类和真空类三种。

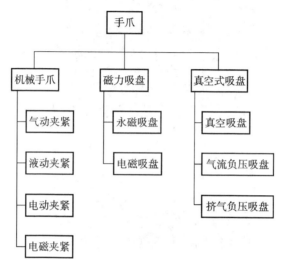

图1-8　手爪类型

机械类手爪包括靠摩擦力夹持和吊钩承重两类，前者是有指手爪，后者是无指手爪。产生夹紧力的驱动源可以有气动、液动、电动、电磁。磁力类手爪主要是磁力吸盘，有电磁吸盘和永磁吸盘两种。真空类手爪是真空式吸盘，根据形成真空的原理可分为真空吸盘、气流负压吸盘、挤气负压吸盘三种。磁力类手爪及真空类手爪是无指手爪。

（3）按手指或吸盘数目分类。

机械手爪可分为：二指手爪、多指手爪。

机械手爪按手指关节分为：单关节手指手爪、多关节手指手爪。

吸盘式手爪按吸盘数目分为：单吸盘式手爪、多吸盘式手爪。

（4）按智能化分类。

①普通式手爪：手爪不具备传感器。

②智能化手爪：手爪具备一种或多种传感器，如力传感器、触觉传感器、滑觉传感器等，手爪与传感器集成为智能化手爪。

2）末端执行器设计和选用的要求

手爪设计和选用最主要的是满足功能上的要求，具体来说要从下面几个方面进行考虑。

（1）被抓握的对象。

手爪设计和选用首先要考虑的是什么样的工件要被抓握，因此，必须充分了解工件的几何形状、机械特性。

（2）物料的馈送器或储存装置。

与机器人配合工作的零件馈送器或储存装置对手爪必需的最小和最大爪钳之间的距离

以及必需的夹紧力都有要求，同时，还应了解其他可能的不确定因素对手爪工作的影响。

（3）手爪和机器人匹配。

手爪一般用法兰式机械接口与手腕相连接，手爪自重也增加了机械臂的载荷，这两个问题必须给予仔细考虑。手爪是可以更换的，手爪形式可以不同，但是与手腕的机械接口必须相同，这就是接口匹配。手爪自重不能太大，机器人能抓取工件的重量是机器人承载能力减去手爪重量。手爪自重要与机器人承载能力匹配。

（4）环境条件。

在作业区域内的环境状况很重要，比如高温、水、油等环境会影响手爪工作。一个锻压机械手要从高温炉内取出红热的锻件坯必须保证手爪的开合、驱动在高温环境中均能正常工作。

3）不同末端执行器的应用场合

（1）机械式手爪。

机械式手爪通常采用气动、液动、电动和电磁来驱动手指的开合。气动手爪目前得到广泛的应用，因为气动手爪有许多突出的优点：结构简单、成本低、容易维修，而且开合迅速，重量轻。其缺点是空气介质的可压缩性，使爪钳位置控制比较复杂。液压驱动手爪成本稍高一些。电动手爪的优点是手指开合电动机的控制与机器人控制可以共用一个系统，但是夹紧力比气动手爪、液压手爪小、开合时间比它们长。电磁力手爪控制信号简单，但是夹紧的电磁力与爪钳行程有关，因此，只用在开合距离小的场合。

（2）磁力吸盘。

磁力吸盘有电磁吸盘和永磁吸盘两种。磁力吸盘是在手部装上电磁铁，通过磁场吸力把工件吸住。电磁吸盘只能吸住铁磁材料制成的工件（如钢铁件），吸不住有色金属和非金属材料的工件。磁力吸盘的缺点是被吸取工件有剩磁，吸盘上常会吸附一些铁屑，致使不能可靠地吸住工件，而且只适用于工件要求不高或有剩磁也无妨的场合。对于不准有剩磁的工件，如钟表零件及仪表零件，不能选用磁力吸盘，可用真空吸盘。另外钢、铁等具有磁性的物质在温度为 723 ℃以上时磁性就会消失，故高温条件下不宜使用磁力吸盘。磁力吸盘要求工件表面清洁、平整、干燥，以保证吸附可靠。

（3）真空式吸盘。

真空式吸盘主要用在搬运体积大、重量轻的如冰箱壳体、汽车壳体等零件，也广泛用于需要小心搬运的，如显像管、平板玻璃等物件。真空式吸盘对工件表面要求平整光滑、干燥清洁。

根据真空产生的原理，真空式吸盘可分为：

①真空吸盘。

如图 1－9 所示为产生负压的真空吸盘控制系统。吸盘吸力在理论上决定于吸盘与工件表面的接触面积和吸盘内外压差，实际上与工件表面状态有十分密切的关系，它影响负压的泄漏。真空泵的采用，能保证吸盘内持续产生负压，所以这种吸盘比其他形式吸盘吸力大。

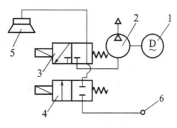

图 1－9　真空吸盘

1—电动机；2—真空泵；3，4—电磁阀；
5—吸盘；6—通大气

②气流负压吸盘。

气流负压吸盘的工作原理如图1-10所示，压缩空气进入喷嘴后利用伯努利效应使橡胶皮腕内产生负压。在工厂一般都有空压机站或空压机，空压机气源比较容易解决，不需专为机器人配置真空泵，所以气流负压吸盘在工厂使用方便。

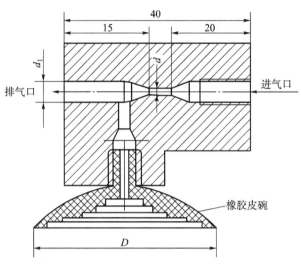

图1-10 气流负压吸盘

③挤气负压吸盘。

如图1-11所示为挤气负压吸盘的结构。当吸盘压向工件表面时，将吸盘内空气挤出；松开时，去除压力，吸盘恢复弹性变形使吸盘内腔形成负压，将工件牢牢吸住，机械手即可进行工件搬运，到达目标位置后，用碰撞力p或用电磁力使压盖2动作，破坏吸盘腔内的负压，释放工件。此种挤气负压吸盘既不需真空泵系统也不需压缩空气气源，是比较经济方便的，但可靠性比真空吸盘和气流负压吸盘差。

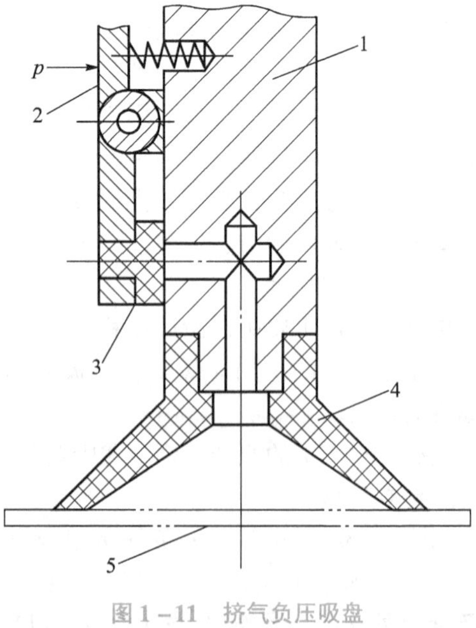

目前有两种真空吸盘的新设计。

①自适应性吸盘。

如图1-12所示，该吸盘具有一个球关节，使吸盘能倾斜自如，适应工件表面倾角的变化，这种自适应性吸盘在实际应用上获得良好的效果。

②异形吸盘。

如图1-13所示，是异形吸盘中的一种。通常吸盘只能吸附一般平整工件，而该异形吸盘可用来吸附鸡蛋、锥颈瓶等物件，扩大了真空吸盘在工业机器人上的应用范围。

图1-11 挤气负压吸盘
1—吸盘架；2—压盖；3—密封垫；4—吸盘；5—工件

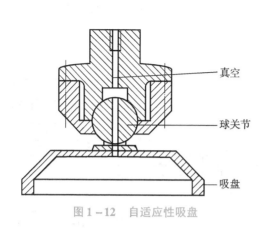

图 1-12　自适应性吸盘

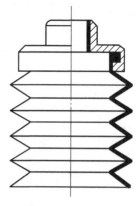

图 1-13　异形吸盘

4）末端执行器的特点

（1）手部与手腕相连处可拆卸。

手部与手腕有机械接口，也可能有电、气、液接头，当工业机器人作业对象不同时，可以方便地拆卸和更换手部。

（2）手部是工业机器人末端执行器。

它可以像人手那样具有手指，也可以是不具备手指的手；可以是类人的手爪，也可以是进行专业作业的工具，如装在机器人手腕上的喷漆枪、焊接工具等。

（3）手部的通用性比较差。

工业机器人手部通常是专用的装置，如一种手爪往往只能抓握一种或几种在形状、尺寸、重量等方面相近似的工件，一种工具只能执行一种作业任务。

（4）手部是一个独立的部件。

假如把手腕归属于手臂，那么工业机器人机械系统的三大件就是机身、手臂和手部（末端执行器）。手部对于整个工业机器人来说是决定完成作业好坏、作业柔性好坏的关键部件之一。具有复杂感知能力的智能化手爪的出现，增加了工业机器人作业的灵活性和可靠性。

5）末端执行器的设计原则

（1）末端执行器要根据机器人作业的要求来设计，尽量选用已定型的标准基础件，如气缸、油缸、传感器等，配以恰当的机构连接件组合成适于生产作业要求的末端执行器。一种新的末端执行器的出现，就可以增加一种机器人新的应用场所。

（2）末端执行器的重量要尽可能轻，并力求结构紧凑。

（3）正确对待末端执行器的万能性与专用性。万能的末端执行器在结构上相当复杂，几乎不可能实现。目前在实际应用中，仍是那些结构简单、万能性不强的末端执行器最为适用，因此要着重开发各种各样专用的、高效率的末端执行器，加上末端执行器的快速更换装置，从而实现机器人的多种作业功能。

6）搬运工作站机器人末端执行器的设计

例如，搬运工作站机器人搬运的工件是平面板材，尺寸为 380 mm × 270 mm × 5 mm，质量≤1 kg。所以采用真空吸盘来夹持工件，且断电后吸紧的工件不会掉落。

末端执行器的相关组件，如电磁阀组、真空发生器、真空吸盘等装置安装在 MH6 机器人本体上。

末端执行器气动控制回路如图1-14所示（图中只画出了一组真空吸盘的控制气路，共两组）。

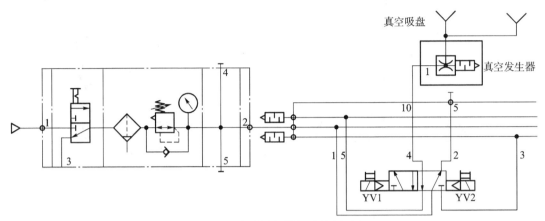

图 1-14　末端执行器气动控制回路

气动控制回路工作原理：当YV1电磁阀线圈得电时，真空吸盘吸工件；当YV2电磁阀线圈得电时，真空吸盘释放工件；当YV1、YV2电磁阀线圈都不得电时，保持原来的状态。电磁阀不能同时得电。

（1）电磁阀选型。

①形式选择。

根据使用要求与使用条件，选择阀的形式：直动式或先导式。

②控制方式选择。

根据使用的控制要求，选择阀的形式：气控、电控、人控或机械控制。

③阀的机能选择。

按工作要求选择阀的机能：两位两通、两位三通、两位五通、三位五通，或是中封式、中泄式、中间加压式等。阀的机能如表1-1所示。

表 1-1　阀的机能

机能	控制内容	符号（先导式为例）
2 位置单线圈	断电后，恢复原来位置	
2 位置双线圈	某一侧供电时，则阀芯切换至该侧的位置，若断电时，能保持断电前的位置	
3 位置（中位封闭）双线圈	两侧同时不供电，供气口及气缸口同时封堵，气缸内的压力便不能排放出来	

机能	控制内容	符号（先导式为例）
2 位置（中位排气）双线圈	两侧同时不供电，供气口被封堵，从气缸口向大气排放	
2 位置（中位加压）双线圈	两侧同时不供电，供气口同时向两个气缸口通气	

④型号、规格选择。

根据使用的流量要求选择阀的型号、规格。

⑤安装方式选择。

根据阀的安装要求选择安装放式：管接式、集装式。

⑥电气参数选择。

根据实际使用要求选择阀的电气规格，如表 1 - 2 所示，电压、功率、出线形式。

表 1 - 2　阀的电气规格

项目	参数	项目	参数
工作介质	空气（经 40 μm 上滤网过滤）	保证耐用力/MPa	1.5
动作方式	先导式	工作温度/℃	− 20 ~ 70
接口管径	进气 = 出气 = M5	本体材质	铝合金
有效截面积/mm^2	5.5（$Cv = 0.31$）	润滑	不需要
位置数	五口二位	最高动作频率	5 次/s
使用压力范围/MPa	0.15 ~ 0.8	质量/g	175

如机器人搬运工作站选择的电磁阀型号是亚德客公司的 4V120 - M5，两位五通，双电控电磁阀，阀的具体规格、电气性能参数如表 1 - 3 所示。

表 1 - 3　4V120 - M5 电气性能参数

项目	具体参数
标准电压	DC 24 V
使用电压范围	10%
耗电量	2.5 W
保证等级	IP65
耐热等级	B 级
接电形式	DIN 插座式
励磁时间	0.05 s

末端执行器用了 2 个两位五通的双电控电磁阀。这 2 个电磁阀带有手动换向和加锁钮，有锁定（LOCK）和开启（PUSH）2 个位置。加锁钮在 LOCK 位置时，手控开关向下凹进

去，不能进行手控操作。只有在 PUSH 位置，可用工具向下按，信号为 "1"，等同于该侧的电磁信号为 "1"；常态时，手控开关的信号为 "0"。在进行设备调试时，可以使用手控开关对阀进行控制，从而实现对相应气路的控制。

2 个电磁阀是集中安装在汇流板上的。汇流板中 2 个排气口末端均连接了消声器，消声器的作用是减小压缩空气向大气排放时的噪声。这种将多个阀与消声器、汇流板等集中在一起构成的一组控制阀的集成称为阀组，而每个阀的功能是彼此独立的。

阀组的结构如图 1 - 15 所示。

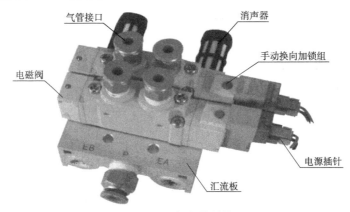

图 1 - 15　阀组的结构

（2）真空吸盘的选择。

选择真空吸盘应从以下几个方面考虑：

①了解所吸工件的重量，确定吸盘的盘径；

②了解工件的面积，确定吸盘的盘径和用几个吸盘来吸；

③了解工件的材质和形状，确定用什么材质的吸盘和什么款式的吸盘。

真空吸盘有三种基本形状：扁平吸盘、波纹吸盘、具有特殊工作原理的吸盘。

如机器人搬运工作站选择的真空吸盘为 SMC 的 ZPT25US - A6，盘径为 25 mm，扁平型，硅橡胶，外螺纹 M6 ×1。

真空吸盘如图 1 - 16 所示。

（3）真空发生器选型。

真空发生器就是利用正压气源产生负压的一种新型、高效、清洁、经济、小型的真空元器件，这使得在有压缩空气的地方，或在一个气动系统中同时需要正负压的地方获得负压变得十分容易和方便。

真空发生器的工作原理是利用喷管高速喷射压缩空气，在喷管出口形成射流，产生卷吸流动。在卷吸作用下，喷管出口周围的空气不断地被抽吸走，使吸附腔内的压力降至大气压以下，形成一定真空度。

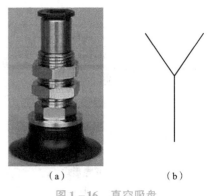

（a）　　　　　　　（b）

图 1 - 16　真空吸盘

（a）实物；（b）符号

选择真空发生器应从吸盘的直径、吸盘的个数、吸附物是否有泄漏性等几个方面考虑。

机器人搬运工作站真空发生器选择费斯托的 VAD-1/8，主要技术参数如表 1 - 4 所示。

表 1 – 4 费斯托 VAD – 1/8 真空发生器主要技术参数

项目	参数
真空发生器特性	高度真空
气接口	G1/8（基准直径 9.728 mm，螺距 ≈0.907 mm）
拉伐尔气嘴公称通径	0.5 mm
最大真空度	80%
工作压力	1.5 ~ 10 bar①

真空发生器如图 1 – 17 所示。

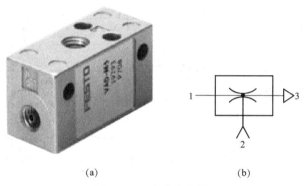

(a)   (b)

图 1 – 17 真空发生器

（a）实物；（b）符号

6. 搬运工作站的工作过程

（1）按启动按钮，系统运行，机器人启动；

（2）当输送线上料检测传感器检测到工件时启动变频器，将工件传送到落料台上，工件到达落料台时变频器停止运行，并通知机器人搬运；

（3）机器人收到命令后将工件搬运到平面仓库，搬运完成后机器人回到作业原点，等待下次的搬运请求；

（4）当平面仓库码垛了 7 个工件，机器人停止搬运，输送线停止输送。清空仓库后，按复位按钮，系统继续运行。

1.3.2 KUKA–KR 10 R1100 sixx 型工业机器人介绍

KUKA–KR 10 R1100 sixx 型工业机器人为小型机器人，结构示意图如图 1 – 18 所示。该型工业机器人作业范围如图 1 – 19

图 1 – 18 KUKA–KR 10 R1100 sixx 型工业机器人结构示意图

---

① 1 bar = 0.1 MPa。

所示，机器人手腕法兰盘接口尺寸和承载能力分别如图1－20和图1－21所示，主要参数如表1－5所示，最大载荷为10 kg，作业半径为1 101 mm，可应用于搬运、装卸、包装、拣选、涂装、机械加工等工艺领域。

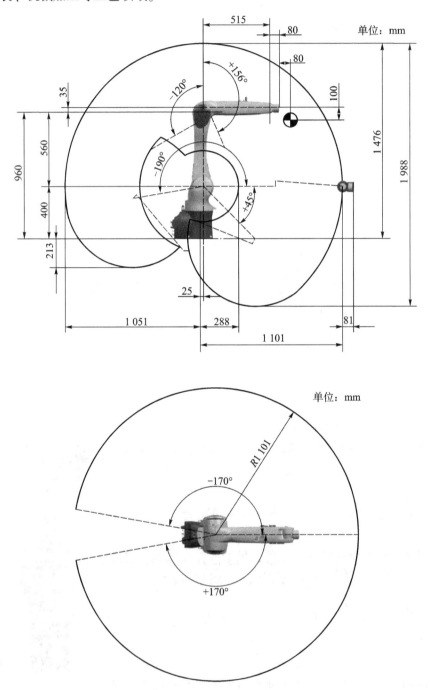

图1－19　KUKA－KR 10 R1100 sixx型工业机器人作业范围

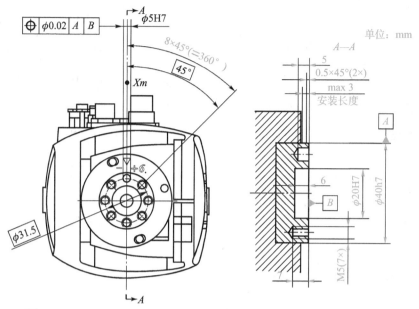

图 1 - 20　KUKA-KR 10 R1100 sixx 型工业机器人手腕法兰盘接口尺寸

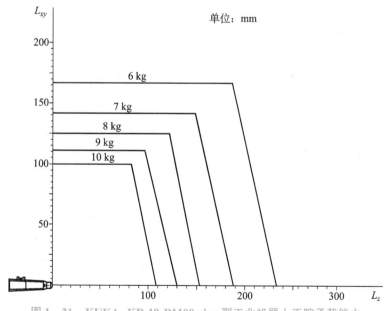

图 1 - 21　KUKA-KR 10 R1100 sixx 型工业机器人手腕承载能力

表 1 – 5　KUKA–KR 10 R1100 sixx 型工业机器人具体参数

项目	参数	项目		参数
轴数	6		J1 回转	+170° ～ –170°
最大运动半径	1 101 mm		J2 立臂	+45° ～ –190°
额定负载	10 kg	运动范围	J3 横臂	+156° ～ –120°
重复精度	±0.03 mm		J4 腕	+185° ～ –185°
机械本体质量	54 kg		J5 腕摆	+120° ～ –120°
底座尺寸	209 mm×207 mm		J6 腕转	+350° ～ –350°
安装方式	落地、倒置、壁挂	使用环境	温度	5～45℃
防护等级	IP54		湿度	≤95%

1.3.3　工件的六点定位原理

工件在空间位置的任意性、不确定性称为自由度，一个工件在空间直角坐标系中具有6个自由度，如图 1 – 22 所示，沿 X、Y、Z 3 个坐标轴的移动自由度 ($\vec{X}$、$\vec{Y}$、$\vec{Z}$) 和绕 X、Y、Z 3 个坐标轴的转动自由度 ($\hat{X}$、$\hat{Y}$、$\hat{Z}$)。当工件的 6 个自由度未加限制时，它在空间的位置是不确定的。要使工件的位置按照一定的要求下料，就必须对它的某些自由度或全部自由度加以限制。工件的定位就是指工件在夹具中的位置按照一定的要求确定下来，将必须限制的自由度一一加以限制。

如图 1 – 23 所示，工件放在 XOY 平台上，并被一个台阶和挡块挡住。工件与阶梯面 A、B 紧密接触，则夹具的 A 面限制了工件 3 个自由度 ($\vec{Z}$、$\hat{Y}$、$\hat{X}$)，B 面限制了工件 2 个自由度 ($\vec{X}$、$\hat{Z}$)，挡块支撑工件并限制了工件的自由度 ($\vec{Y}$)。这样，工件的 6 个自由度全部受到限制，在夹具中处于完全确定的位置。

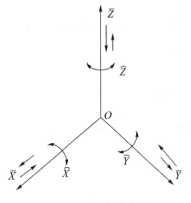

图 1 – 22　6 个自由度

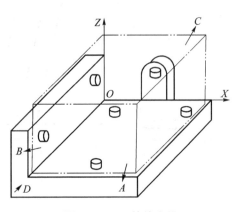

图 1 – 23　工件的定位

在实际生产中，分析工件在夹具定位元件上定位时，理论上可将夹具定位元件转化为相应的定位支撑点，并以此来分析具体定位元件所限制的工件自由度。一个大平面相对于 3 个支撑点，图 1-23 中 A 面相当于 3 个支撑点，限制了工件的 3 个自由度；窄长面 B 相当于 2 个支撑点，限制了工件的 2 个自由度，挡块相当于一个支撑点，限制了工件最后一个自由度。

由此，用 6 个正确布置的支撑点就可以完全限制工件的 6 个自由度，使工件在夹具中占有完全确定的位置，这种用支撑点来分析限制工件自由度的方法称为"六点定位原理"。

1.3.4　夹具设计基本步骤

1. 夹具设计原始资料

原始资料载明工件在生产中的结构特点及要求，是设计夹具的主要依据。设计者应该深入细致地研究并掌握它，以保证夹具的使用要求。原始资料有：夹具设计任务单、工件蓝图及技术条件、夹具设计的技术条件及夹具的标准化和规格化资料。

1）夹具设计任务单

夹具设计任务单写明了工件图号、夹具功能，是通过上级组织下达的说明性资料，是设计者接受任务的依据。

2）工件蓝图及技术条件

研究工件蓝图时，设计者一方面注意工件尺寸链、尺寸公差和制造精度等级等，另一方面必须详细研究产品技术条件，对工件的技术要求有完整的概念。

3）夹具设计的技术条件

这是由夹具装配技术员从工艺观点考虑对夹具提出的具体要求，它是根据工件蓝图及工艺规程拟定的，一般应包括：夹具的用途、工件在夹具中的位置、工件的定位基准、工件装入和取出夹具的方向、夹具构造的原则性意见等。

4）夹具的标准化和规格化资料

设计夹具时应尽量采用标准化和规格化夹具文件，如国家标准、工厂标准等，应尽量采用标准化和规格化夹具元件及夹具。

2. 夹具设计工作内容和步骤

1）草图设计

夹具设计基准的选择：像其他机械设计一样，设计夹具的第一步工作是正确地选取设计基准。设计夹具时选择设计基准一般应遵循下列原则：夹具设计基准应与被装配结构的设计基准一致；夹具元件的装配与测量应尽量同一基准；应选择设计夹具作图、制造和检验简单化的设计基准。

夹具设计：根据已选定的定位、夹紧以及夹具设计技术条件对夹具构造的原则性意见等设计夹具。

设计草图：将夹具整体及主要元件结构及其相互装配关系在基本视图上表达出来，内部结构可用局部视图表示，参照制图国标标出零件编号和尺寸，如特性尺寸、配合尺寸、安装尺寸和外形尺寸，合理美观。装配图上还要标出一些视图上无法标出的关于制造、装配、调整、检验和维修等方面的技术要求。列出零件明细表及标题栏等。

2）总图设计

夹具草图设计出来后，得到技术员和领导的指导，只做局部完善，便可绘出夹具的正式设计总图。另外，对于经验丰富的夹具设计员，可不进行草图设计，直接进行总图设计。

3）零件图绘制

为了制造加工夹具，应绘出所有非标准化零件的零件图。

4）夹具设计说明书

设计说明书不仅是夹具设计计算、分析的整理和总结，也是图纸设计的理论依据，而且是审核设计的技术文件之一。主要内容包括：夹具设计任务书、产品要求和工艺性分析、夹具设计技术条件、夹具设计基准的确定和夹具设计方案的确定与分析。

5）夹具使用说明书

夹具使用说明书包括：夹具最大受力、夹具的检修和使用中的问题、夹具防尘等内容。

1.4 任 务 实 现

任务介绍

本吸附式上下料机器人工作站采用图 1-18 所示 KUKA 机器人将图 1-24 所示薄板件搬运至图 1-25 所示激光切割机夹具平台上，并完成该工作站的布局，即机器人从原料车中拾取一块长×宽为 400 mm×400 mm、厚度为 2.5 mm 以及质量为 3.18 kg 的 304 不锈钢薄板送入激光切割机工作台。不锈钢片材叠放于原料车中，并进行预定位，原料最低高度为 200 mm；激光切割机工作台顶针支撑面高度为 1 250 mm，激光切割加工薄板放置在废料簸箕拾取边和顶针支撑面组成的平面上；顶针嵌在废料簸箕之中，废料簸箕可以从顶针阵列中提出来。在上下料过程中，机器人不得与原料车预定装置、激光切割机工作台和激光头干涉。

图 1-24 原料板件

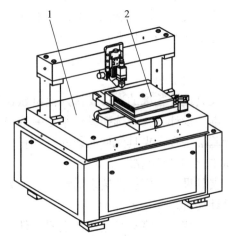

图 1-25 激光切割机
1—激光加工平台；2—定制加工夹具

本任务要求完成吸附式末端执行器的设计、机器人底座设计、预定位装置设计、气压传动系统设计和工作站布局。

任务1　吸附式上下料机器人末端执行器设计

工业机器人的机械部分主要包括末端执行器、手腕、手臂和基座。末端执行器即机器人的手，是工业机器人用于抓取和握紧（吸附）喷枪、爆具、扳手、喷头等专用工具并进行操作的部件。它安装于机器人手臂的前端，具有模仿人手动作的功能。由于被抓取工件的形状、尺寸、材质、重量、表面状态等各不相同，因此工业机器人的末端执行器是多种多样的，大致可以分为以下几类：①夹钳式取料手；②吸附式取料手；③专用操作器及转换器；④仿生多指灵巧手；⑤其他手。

本任务利用工业机器人进行 0.16 m²、3.18 kg 不锈钢板料的搬运，因此工业机器人的末端执行器采用气吸附式取料手。为了满足吸附式末端执行器与工业机器人腕部法兰之间的机械连接，以及吸附式末端执行器与工业机器人之间的气动和电气连接，需要进行上下料工作站工业机器人末端夹具设计即吸嘴连接板和法兰连接板的设计。

1. 吸嘴连接板设计

本任务所在的生产线要求激光切割机从不锈钢板中切除出不同形状、面积较小的半成品，同时要求不锈钢板在上料过程中不能有变形，因此，需要采用多个吸嘴，并且将吸嘴均匀布置于连接板边缘，如图1-26所示；由吸嘴在原料薄板上的布置图可知，吸嘴连接板可设计为完全对称结构，当机器人取料时法兰盘中心与被拾取原料薄板中心共线，可预防偏载扭矩的产生，因此，吸嘴连接板由两块相同的梯形板构成，对称连接在法兰连接板上；为减轻连接板重量，吸嘴连接板镂空，吸嘴连接板材质为密度小、强度大的铝合金，设计图如图1-27所示。

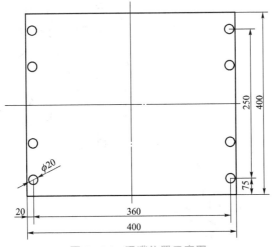

图1-26　吸嘴位置示意图

2. 法兰连接板设计

法兰连接板起到连接工业机器人腕部法兰（图1-20）和吸附式末端执行器连接板的作用，法兰连接板一端连接两块对称布置的吸附式末端执行器连接板，为便于调节吸附式末端执行器连接板与法兰连接板的连接在法兰连接板上开有许多螺纹孔，法兰连接板另一端必须与 KUKA - KR 10 机器人手腕法兰盘的接口相匹配（图1-20）。为减轻重量，连接板材质为铝合金。法兰连接板设计图如图1-28所示。

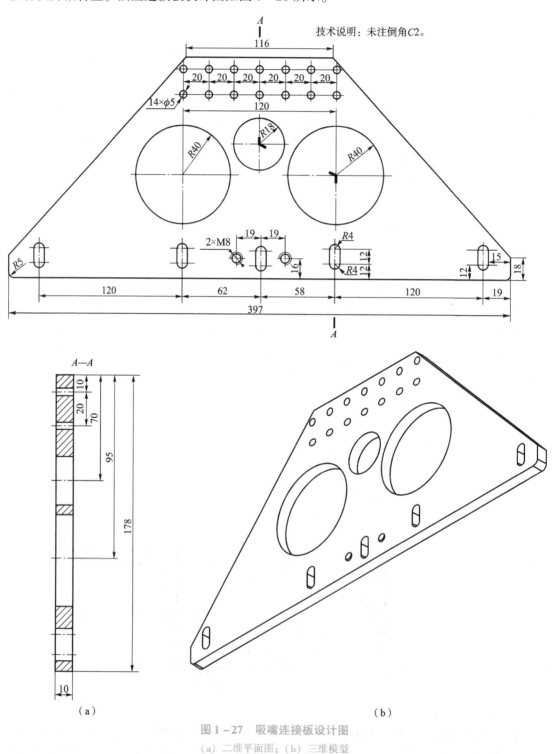

图1-27 吸嘴连接板设计图

（a）二维平面图；（b）三维模型

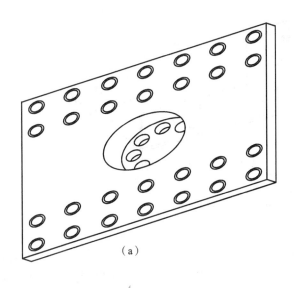

（a）

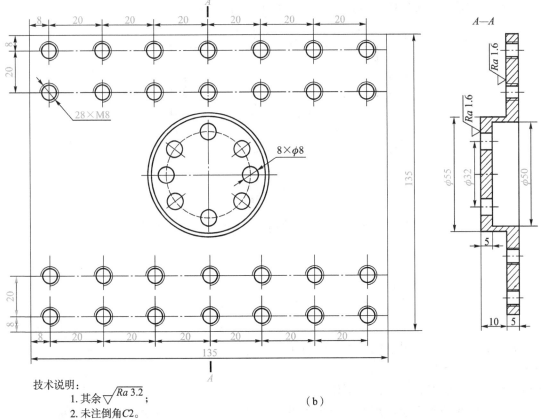

技术说明：
1. 其余 $\sqrt{Ra\,3.2}$;
2. 未注倒角 $C2$ 。

（b）

图 1-28 法兰连接板设计图
（a）三维模型；（b）二维平面图

3. 光电开关支架设计

光电接近开关用于检测吸嘴是否接近不锈钢薄板，其穿过吸嘴执行器连接板，并被拧固于支撑架上，光电开关支架示意图如图 1-29 所示。

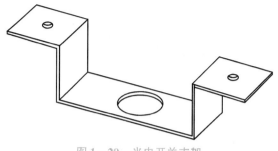

图 1 - 29　光电开关支架

任务2　吸附式上下料机器人底座设计

机器人底座的设计必须考虑以下几个方面：①机器人本身的固定；②机器人在垂直方向上的空间不足；③机器人控制器可以放置在底座内。因此机器人底座可以采用普通槽钢和钢板焊接而成，以地脚螺母支撑，示意图如图 1 - 30 所示。

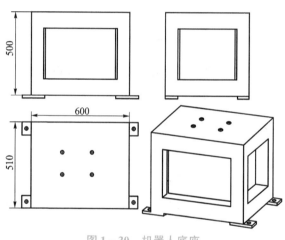

图 1 - 30　机器人底座

任务3　吸附式上下料机器人预定位装置设计

如图 1 - 31 所示，预定位装置与原料小车组合在一起，一方面起到原料运输作用，即负责将料板送至特定位置，供多关节机器人抓取完成上料；另一方面挡块也起到预定位作用，由于小车不能可靠固定，需要配备一个限位框架，如图 1 - 32 所示。

料板堆叠放置在来料小车上的三块限位挡块之间，并紧靠前面装有铁块的挡块之上。限位挡块有两个作用：一是内壁限制料板放置位置；二是外壁紧贴限位框架上的导向条，限制小车位置。

图 1 - 31　原料小车

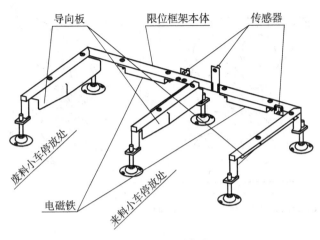

导向板　　　　　限位框架本体　　　传感器

废料小车停放处

电磁铁　　　夹料小车停放处

图 1 – 32　限位框架

任务4　吸附式上下料机器人气压传动系统设计

1. 吸附式末端执行器选型

气吸附式取料手是利用吸盘内的压力和大气压之间的压力差而工作的，具有结构简单、重量轻、吸附力分布均匀等优点，对于薄片状物体的搬运更有其优越性，如板材、纸张和玻璃等，广泛应用于非金属材料和不可有剩磁材料的吸附。不过，要求物料表面较平整光滑，无孔、无凹槽。

夹具最多可安装吸盘12个，现仅安装了8个，最大可搬质量为6 kg。吸盘载荷计算方法：

$$m = (0.1 \times p \times S) \div (t \times 9.8)$$

式中：m——单个吸盘载荷，kg；

$\quad\quad p$——真空压力，kPa；

$\quad\quad S$——吸盘截面积，cm^2；

$\quad\quad t$——安全系数，一般为 4～8。

2. 气压传动系统

本任务所在气压系统简单，只需要气源装置、真空发生器就可以给吸嘴提供真空度，所以气压回路不需要给出。

任务5　吸附式上下料机器人工作站布局

1. 上下料机器人吸附式末端操作器组装

上下料机器人吸附式末端操作器组装示意图如图 1 – 33 所示。

（1）组装体自身长 400 mm、宽 394 mm，尺寸较上料小车限位块小，可保证不锈钢板被顺利吸取。

（2）吸盘可吸范围长 380 mm，宽在 341～391 mm 范围可调，需保证所吸钢板在此范围内无凹凸、无通孔，否则影响功能。

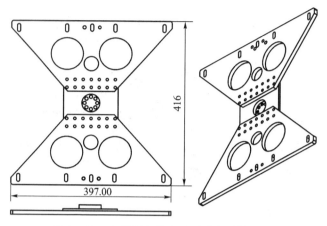

图 1 - 33　上下料机器人吸附式末端操作器

吸盘安装方法，如图 1 - 34 所示，穿过夹具本体，由上下两个螺母夹紧固定，夹具本体上为长圆孔，吸盘可在夹具本体上左右移动微调位置。使用前请确保吸盘固定于夹具体上，无松动现象。

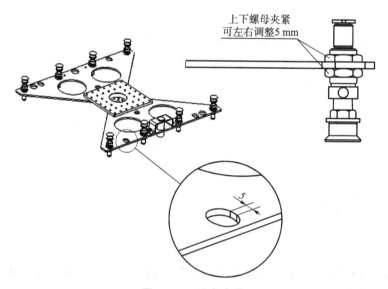

图 1 - 34　吸盘安装

传感器安装方法，如图 1 - 35 所示，传感器为 M18 接近型，感应距离为 4 mm 以内；安装时穿过夹具本体，上下用螺母夹紧；传感器与吸盘的相对高度 a 需保证吸盘缩至最短时，相对高度 $a \leqslant 3$ mm。

机器人、吸附式末端执行器、底座组合示意图如图 1 - 36 所示。

2. 上下料机器人工作站布局

上下料机器人工作站布局如图 1 - 37 所示，它由原料小车、废料小车、机器人工作站以及激光切割机组成。相互之间的距离尺寸标注省略，条件允许，可将该工作站导入机器人仿真软件，进行机器人运动干涉仿真。

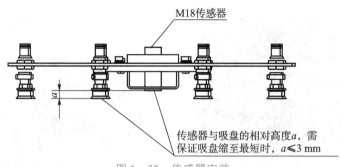

图1-35　传感器安装

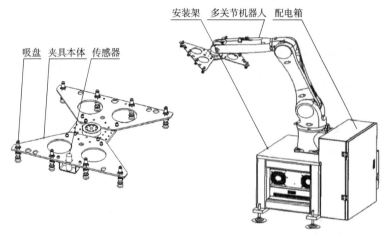

图1-36　机器人、吸附式末端执行器、底座组合示意图

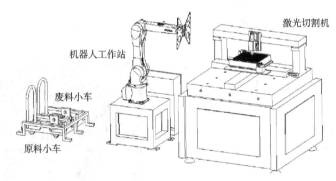

图1-37　上下料机器人工作站布局

任务6　应用案例鉴赏

案例1　机器人在加工中心上散装工件的搬运（图1-38）

散装工件是指没有排序的待加工的工件，因此，机器人抓手在取件过程中会遇到很多困难。对于具有内置视觉感测功能的机器人，散装工件取出时，不需要工件排序装置，可以减少加工场地和设备投入。

案例2　板材折弯的搬运机器人（图1-39）

图 1-38　机器人在加工中心上散装工件的搬运

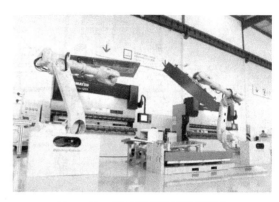

图 1-39　板材折弯的搬运机器人

板材折弯的搬运机器人工作站组成如下：

（1）以 PC 为基础的机器人控制系统；

（2）真空吸持器、气动工作吸盘；

（3）货盘架；

（4）上下料输送装置；

（5）控制系统监测；

（6）控制器；

（7）电器柜；

（8）安全围栏及安全门。

案例 3　冲压件搬运机器人（图 1-40）

冲压加工是借助于常规或专用冲压设备的动力，使板料在模具里直接受到变形力并进行变形，从而获得一定形状、尺寸和性能的产品零件的生产技术。生产中为满足冲压零件形状、尺寸、精度、批量、原材料性能等方面的要求，采用多种多样的冲压加工方法。

冲压加工的节拍快，加工尺寸范围较大，冲压件的形状较复杂，所以工人的劳动强度大，并且容易发生工伤。

机器人的周边设备：

（1）机器人行走导轨；

（2）真空吸盘；

（3）工件输送装置；

（4）供料仓；

（5）系统总控制柜；

（6）安全围栏；

（7）安全门开关。

图 1-40　冲压件搬运机器人

1.5　考核评价

考核任务 1　熟悉搬运机器人工作站

要求：了解搬运机器人工作站的定义、特点和基本组成；重点掌握搬运机器人末端执行器的相关知识。

考核任务 2　基本掌握吸附式上下料机器人工作站的设计

要求：能够根据应用需求，合理设计吸附式上下料机器人工作站，主要包括末端执行器工装设计、工件预定位装置设计、末端执行器气压传动设计和工作站合理布局。

项目二

夹取式搬运机器人工作站工装设计

2.1 项目描述

本项目的主要内容为夹取式搬运机器人工作站工装设计，包括：纸箱码垛机器人夹取式末端执行器（抓手）设计、机器人底座设计、预定位装置设计、导轨及气缸选型和码垛机器人工作站布局。

2.2 教学目的

通过本项目的学习与实践，学生应：

（1）了解机器人码垛生产线的相关基础知识及优点，了解常用的与其配套的组件；

（2）了解 ABB IRB 1410 型机器人的工作范围和相关参数；

（3）能够根据实际需求进行直线导轨的选型，掌握 ABBA 直线导轨的选型规则及特性、导轨编号说明；

（4）能够根据实际需求进行气缸的选型，掌握 CHELIC 气缸的选型基准、气缸编号说明和应用场合；

（5）能够分析码垛机器人工作站搬运工艺；

（6）能够根据码垛搬运工艺进行机器人选型；

（7）能够对多类型码垛机器人末端执行器（抓手）进行工装设计；

（8）能够设计工件预定位装置；

（9）能够进行夹取式码垛机器人工作站的合理布局。

2.3 知识准备

2.3.1 机器人码垛生产线

1. 机器人码垛生产线基础知识

码垛，就是把货物按照一定的摆放顺序与层次整齐地堆叠好，如图 2-1 所示。

桥式码垛机（图2-2）占用空间大，码垛速度慢，垛型不规整。

图2-1　仓库码垛货物　　　　　　　　　　　图2-2　桥式码垛机

机械式码垛机（高位码垛机）（图2-3）占用空间大、通用性差、机构复杂、耗电量高。优点是相对机器人码垛价格比较低。

图2-3　机械式码垛机

机器人码垛生产线整体示意图如图2-4所示。

作为码垛机器人的重要组成部分之一，码垛机械手（也称手爪或抓手）具有可靠性高、结构简单新颖、质量小等特点，对码垛机器人的整体工作性能具有非常重要的意义。可根据不同的产品，设计不同类型的机械手爪，使得码垛机器人具有效率高、质量好、适用范围广、成本低等优势，能很好地完成码垛工作。

常用码垛机器人手爪主要包括：

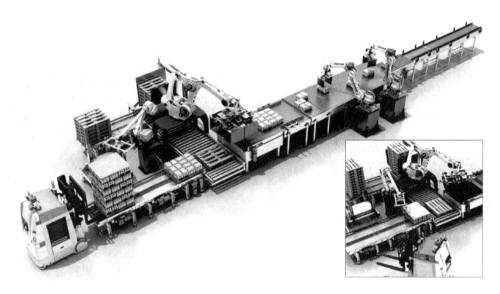

图 2 - 4　机器人码垛生产线

（1）夹抓式机械手爪（图 2 - 5）：主要用于高速码袋。

说明：该类机械手爪主要用于袋装物的码放，如面粉、饲料、水泥、化肥等。

图 2 - 5　夹抓式机械手爪

（2）夹板式机械手爪（图 2 - 6）：主要用于箱盒码垛。

说明：该类手爪主要用于整箱或规则盒装包装物品的码放，可用于各种行业。可以一次码一箱（盒）或多箱（盒）。

（3）真空吸取式机械手爪（图 2 - 7）：主要适用于可吸取的码垛物。

说明：该类手爪主要用于适合吸盘吸取的码放物，如覆膜包装盒、听装啤酒箱、纸箱等。

（4）混合抓取式机械手爪（图 2 - 8）：适用于几个工位的协作抓放。

说明：组合式手爪是前三种手爪的灵活组合，同时满足多个工位码放。

图 2 - 6　夹板式机械手爪

图 2 - 7　真空吸取式机械手爪

吸盘——

抓钩——

图 2 - 8　混合抓取式机械手爪

2. 机器人码垛生产线其他组件

（1）金属检测机，用于检测食品、医药、化妆品、纺织品等生产过程中混入的金属异物，如图2-9所示。

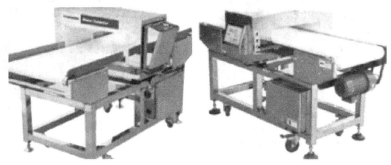

图2-9　金属检测机

（2）重量复检机，通过重量检测，亦可判断出产品的数量、漏装和错装以及对合格品、欠重品、超重品进行分别统计，以达到产品质量控制的目的，如图2-10所示。

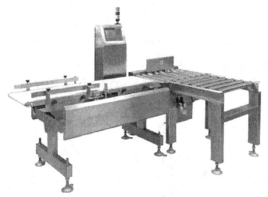

图2-10　重量复检机

（3）自动剔除机，用于完成包装袋在出现含金属异常物以及包装袋在称重复检超出重量误差时，包装袋在输送序列被移出去的过程。自动剔除机可集成到金属检测机或重量复检机内，如图2-11所示。

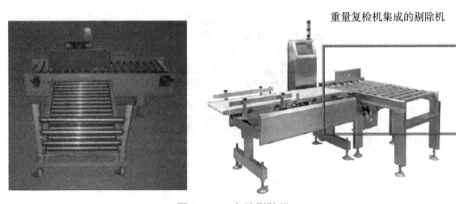

重量复检机集成的剔除机

图2-11　自动剔除机

（4）倒袋机，是将输送机送来的料袋按预定的编组程序对料袋进行输送、倒袋和转位，流转到下道工序，如图2-12所示。

（5）整形机，包装袋经过输送线后，须经过辊子的压紧、整形，将包装袋内可能存在的积聚物均匀散开后才可以送至待码辊道输送机上，如图2-13所示。

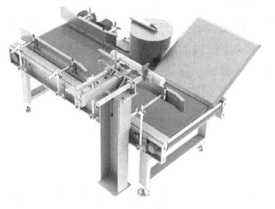

图2-12 倒袋机　　　　　　　　　　　图2-13 整形机

（6）待码输送机，与机械手爪配套，方便抓取，如图2-14所示。

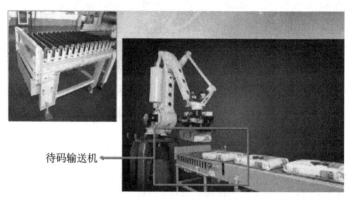

待码输送机→

图2-14 待码输送机

（7）传送带（图2-15），便于物料输送过程中的转弯，以及与下一个工序的对接。

3. 机器人码垛生产线的主要优点

（1）结构非常简单，故障率低，易于保养及维修；

（2）主要构成零部件少，维持费用很低；

（3）码垛机器人的码垛能力比传统码垛机、人工码垛都要高得多；

（4）电源消耗低，电源消耗量大约为机械式码垛机的1/5；

（5）码垛机械手臂可设置在狭窄的空间，场地使用率高，应用灵活；

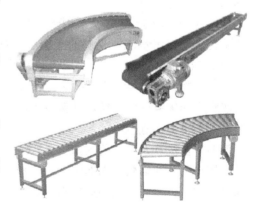

图2-15 传送带

（6）全部操作可在控制柜屏幕上手触式完成，操作非常简单；

（7）码垛机械手臂的应用非常灵活，一台机械手臂可以同时处理最多6条生产线，无须硬件、设备上的改造与设置；

（8）码垛及码垛层数可任意设置，码垛整齐；

（9）方便存储与运输。

机器人码垛生产线，不仅提高了产品的质量和劳动生产率，而且保障了人身安全，改善了劳动环境，减轻了劳动强度；同时对于节约原材料消耗以及降低生产成本也有着十分重要的意义。将工业机器人技术应用于运输工业领域，促使码垛自动化，可以加快物流速度，获得整齐一致的物垛，减少物料的破损和浪费。因此，就提高生产规模和生产效率而言，码垛机器人正发挥着越来越重要的作用。

2.3.2 ABB IRB 1410 工业机器人介绍

ABB IRB 1410 是一款快速、可靠而经济的机器人，以其坚固可靠的结构而著称，成为任何弧焊应用和搬运小零件的最佳选择。S4 控制器可以应用 RAPID 命令而缩短编程时间。

ABB IRB 1410 是一款紧凑、快速而灵活的机器人，主要设计用来进行焊接、涂胶和轻载取放工作。其他应用包括喷镀、金属涂抹、铣削、去毛刺、磨削、机床送料、注塑等。该机器人在可靠性和多产方面拥有卓越的声誉，已安装超过 14 000 台。手臂有很好的平衡性和耐用性，能持续使用超过 15 年不更换，得到良好的认可。ABB IRB 1410 继承了 ABB 的模块化手臂意味着任何维护都能快速地完成。手臂因它的简化和可靠性而引人注目，如没有线缆，5、6 轴先带传动再轴传动意味着手腕可以保持十分紧凑，这对焊接应用非常有用。其具体结构示意图如图 2 - 16 所示。

ABB IRB 1410 型号机器人是焊接机器人中最常见的一种。其承载力达到 5 kg，上臂可承受 18 kg 的附加载荷，这在同类机器人中绝无仅有。18 kg 的附加荷载可以满足一般的焊接挂载附件。现在的焊缝跟踪、防撞感应装置等都可以在其承载重量范围内挂载。

虽然 ABB IRB 1410 常见被用于弧焊自动化。那么其他行业是否也能使用？依据我们的实验和 ABB 官方给出的推荐，ABB IRB 1410 机器人也适用于自动化装配、点胶、涂胶、密封、物料上下料、小件搬运等，而且这款机器人还有一个非常大的优势，循径精度达到 ±0.05 mm，所以对于精密装配工作也毫不逊色。

该型工业机器人工作范围如图 2 - 17 所示，机器人手腕法兰盘接口尺寸和承载分别如图 2 - 18 和图 2 - 19 所示，主要参数如表 2 - 1 所示，最大载荷为 5 kg，作业半径为 1 444 mm。

图 2 - 16　ABB IRB 1410 型
工业机器人结构示意图

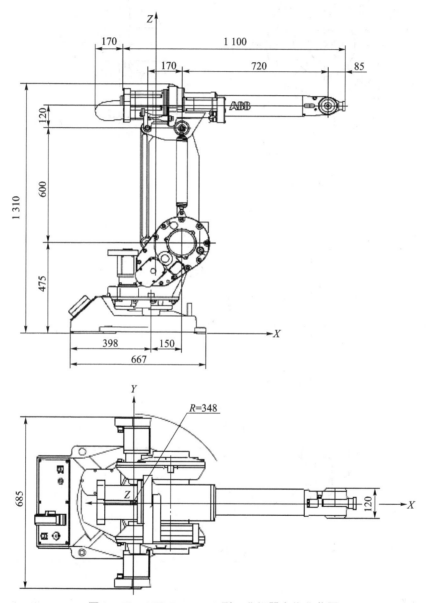

图 2－17 ABB IRB 1410 型工业机器人作业范围

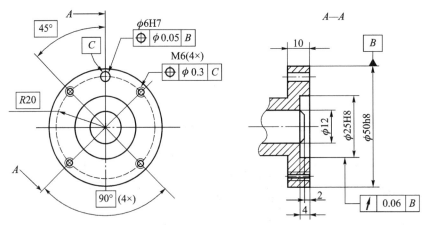

图 2-18　ABB IRB 1410 型工业机器人手腕法兰盘接口尺寸

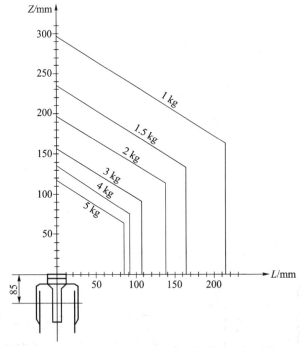

图 2-19　ABB IRB 1410 型工业机器人手腕承载

表 2-1　ABB IRB 1410 型工业机器人具体参数

项目	参数	项目		参数
轴数	6	底座尺寸		620 mm × 450 mm
最大运动半径	1 444 mm	安装方式		落地式
额定负载	5 kg	防护等级		IP54
重复精度	±0.05 mm	使用环境	温度	5~45℃
机械本体质量	225 kg		湿度	≤95%

2.3.3 ABBA BRH15B 直线导轨介绍

1. ABBA 直线导轨四大优点

(1) 免保养，低维护，无须润滑管路系统与设备，如图 2-20 所示。

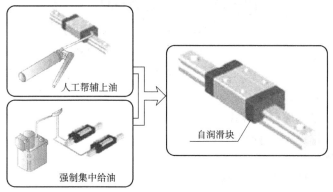

图 2-20 免保养，低维修

(2) 使用寿命超长，长期自动维持轨道表面润滑油膜保护，如图 2-21 所示。

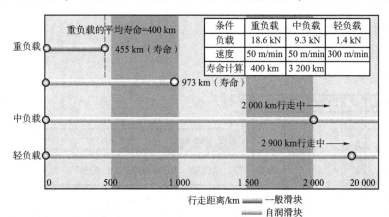

图 2-21 使用寿命长

(3) 大幅节省润滑油成本，如图 2-22 所示。

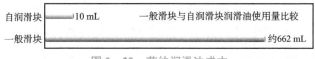

图 2-22 节约润滑油成本

一般滑块：$0.03 \text{ mL}/6\text{min} \times 8 \text{ h}/天 \times 276 \text{ 天} \times 1 \text{ 年} = 662 \text{ mL}$

$$行走距离 = 3\,500 \text{ km}/年$$

(4) 易于维持机器清洁，无废油品外漏污染环境，如图 2-23 所示。

2. ABBA 直线导轨的十大特点

- 内建式免润滑系统。

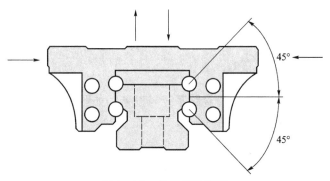

图 2 – 23　易于保养清洁

- 四方向等负载设计。
- 运行顺畅新型钢珠循环方式。
- 高刚性，四排珠 45°角接触。
- 世界标准规格尺寸。
- 高精度、低摩擦系数、低维修成本。
- 高移动速度，低噪声。
- 全密封式油封。
- 可互换式设计。
- 绿色环保产品。

3. ABBA 直线导轨编号说明

导轨的编号说明如图 2 – 24 所示。

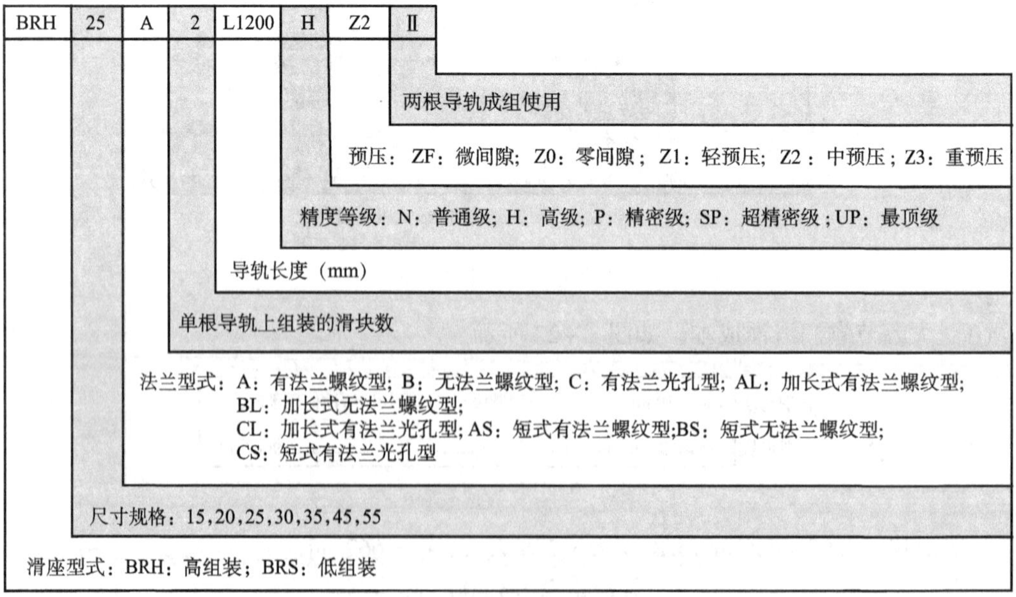

BRH	25	A	2	L1200	H	Z2	Ⅱ

两根导轨成组使用

预压：ZF：微间隙；Z0：零间隙；Z1：轻预压；Z2：中预压；Z3：重预压

精度等级：N：普通级；H：高级；P：精密级；SP：超精密级；UP：最顶级

导轨长度（mm）

单根导轨上组装的滑块数

法兰型式：A：有法兰螺纹型；B：无法兰螺纹型；C：有法兰光孔型；AL：加长式有法兰螺纹型；
BL：加长式无法兰螺纹型；
CL：加长式有法兰光孔型；AS：短式有法兰螺纹型；BS：短式无法兰螺纹型；
CS：短式有法兰光孔型

尺寸规格：15,20,25,30,35,45,55

滑座型式：BRH：高组装；BRS：低组装

图 2 – 24　ABBA 直线导轨编号说明

4. ABBA BRH15B 直线导轨外形尺寸和相关参数

ABBA BRH15B 外形尺寸如图 2 – 25 所示，相关参数如表 2 – 2、表 2 – 3 所示。

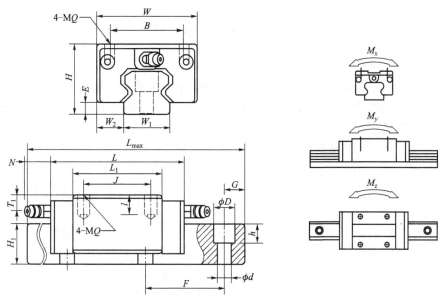

图 2-25 ABBA BRH15B 直线导轨外形尺寸

表 2-2 ABBA BRH15B 直线导轨外形尺寸

参数	尺寸	参数	尺寸
H/mm	28	油孔尺寸/mm	$\phi 3$
W/mm	34	T_1/mm	8.3
W_2/mm	9.5	N/mm	5
E/mm	4.6	W_1/mm	15
L/mm	66	H_1/mm	14
$B \times J/$ (mm × mm)	26 × 26	F/mm	60
$MQ \times l/$ (mm × mm)	M4 × 6.4	$d \times D \times h/$ (mm × mm × mm)	4.5 × 7.5 × 5.3
L_1/mm	40		

表 2-3 ABBA BRH15B 直线导轨相关参数

项目	参数		项目	参数	
基本负荷/kgf[①]	静额定负荷	850	参考数据/mm	L_{max}	4 000
	动额定负荷	1 650		G	20
容许静力矩/ (kgf·m)	M_x	10	质量	滑块/kg	0.21
	M_y	8		导轨/ (kg·m^{-1})	1.4
	M_z	8			

注: ①1 kgf (千克力) = 9.806 65 N。

2.3.4　CHELIC JD25×10-B-SE2 气缸介绍

1. 气缸选定基准

（1）式样：依照用途需要，选择适合的机种式样，并请注明其型式的代号。

（2）出力：选择出力大小（参照理论出力表），推力及拉力各承受不同的受压面积，所以出力大小不同。

（3）行程：依所需的位移距离，选择气缸的行程。

（4）长度：（5，10）、（15，20）、（25，30）、（35，40）、（45，50）的本体长度是相同的，采用十位数的尺寸，单位数是 5 mm，采用内垫方式组合（详见行程规格表），60 mm 以上行程按标准值计算（$\phi6$、$\phi10$、$\phi12$、$\phi16$ 长度表另计）。

（5）牙型：轴端牙型，标准为内牙（无附加记号）；外牙代号为"B"。

（6）磁石：JD 系列标准不附磁石（无附加记号）；附加磁石的代号为"S"，本体长度会加长 10 mm（$\phi6$、$\phi10$、$\phi125$ 长度相同，详见附加磁石的尺寸表）。

（7）感应器：感应器有 CS-30E 及 CS-9D（B），因用途不同，请另外订购（详见感应器规格表）。

（8）固定螺丝：螺丝规格选用详见螺丝选用表。

2. CHELIC 气缸编号说明和规格表

CHELIC 气缸编号说明如图 2-26 所示，规格如表 2-4 所示。

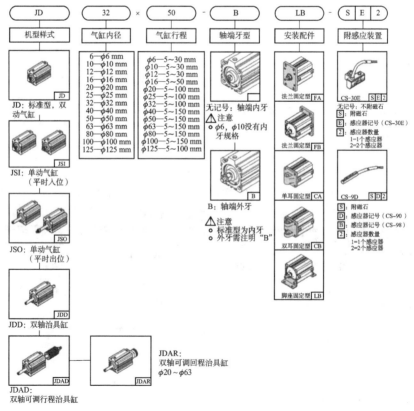

图 2-26　CHELIC 气缸编号说明

表 2 - 4 CHELIC 气缸规格

项目 \ 缸径/mm		6	10	12	16	20	25	32	40	50	63	80	100	125
动作形式		复动式气缸，单动式气缸，（双轴式气缸）												
使用气体		空气												
使用压力范围/［kgf·cm⁻²］（kPa）		2~7（200~700）				1.5（150~700）			1~7（100~700）					
最大使用压力/［kgf·cm⁻²］（kPa）		9（900）												
使用温度范围/℃		0~60												
使用速度/(mm·s⁻¹)	复动形式	50~500									50~350		50~250	
	单动形式	—				100~500					—			
润滑		自由供给方式												
配管接头口径		M3×0.5				M5×0.8			Rc 1/8			Rc 1/4		Rc 3/8

3. CHELIC JD25×10-B-SE2 气缸尺寸和作动规格

气缸尺寸和规格如图 2 - 27 和表 2 - 5 所示。

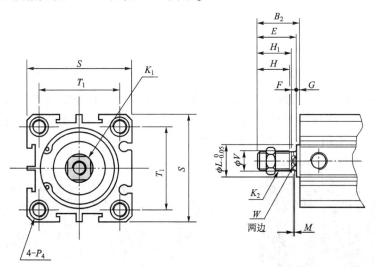

图 2 - 27 CHELIC JD25×10-B-SE2 气缸尺寸图

表 2 - 5 CHELIC JD25×10-B-SE2 气缸规格

参数	尺寸	参数	尺寸
B_2/mm	22	L/mm	17
E/mm	20.1	M/mm	3

续表

参数	尺寸	参数	尺寸
F/mm	4.1	P_4/mm	通孔 $\phi5.1$，攻牙 M6×1.0P×8，深柱孔$\phi8$×6 深（两边）
G/mm	1.9		
H/mm	15	S/mm	40
H_1/mm	16	T_1/mm	28
K_1/mm	M5×0.8P×12 深	V/mm	10
K_2/mm	M8×1.25P	W/mm	8

气缸作动规格如表 2 – 6 所示。

表 2 – 6　CHELIC JD25×10–B–SE2 气缸作动规格表

缸径 /mm	轴径 /mm	动作	受压面积 /cm²	空气压力/（kgf·cm⁻²）						
				1	2	3	4	5	6	7
25	10	推	4.90	–	9	14	19	24	29	34
		拉	4.12	–	8	12	16	20	24	28

2.4　任务实现

本夹取式搬运机器人工作站采用图 2 – 16 所示 ABB IRB 1410 型机器人，将图 2 – 28 所示标准 6 号纸箱从输送线上搬运至图 2 – 29 所示码垛盘上，并完成该工作站的布局，即机器人从皮带输送线上夹取一个长×宽×高为 260 mm×150 mm×180 mm，封装完成后质量约为 2 kg 的标准 6 号纸箱，均匀地摆放在码垛盘上。

图 2 – 28　原料纸箱

图 2 – 29　码垛盘

纸箱封装完成后，经皮带输送线传送至预定位置，同时进行预定位，防止纸箱脱落和跑偏。护栏挡柱高度约为 90 mm，在上下料过程中，机器人不得与护栏的配件发生干涉。

本任务要求完成夹取式搬运机器人末端执行器的设计、机器人底座设计、预定位装置设计和工作站的布局。

任务1　夹取式搬运机器人末端执行器设计

本任务利用工业机器人进行质量2 kg标准6号纸箱的搬运，因此工业机器人的末端执行器采用夹取式取料手。为了满足夹取式末端执行器与工业机器人腕部法兰之间的机械连接，以及夹取式末端执行器与工业机器人之间的气动和电气连接，需要进行上下料工作站工业机器人末端夹具码垛抓手的设计，以及配套气缸和导轨的选型。

1. 码垛抓手设计

本任务所在的生产线要求夹取式搬运机器人，从皮带输送线预定位置夹取已经封装好的纸箱，放置于码垛台上，在此过程中要求纸箱不能脱落和夹紧变形，因此，需要设计一款码垛抓手给予纸箱适当的力度。

鉴于需搬运纸箱的材料、形状和重量，码垛抓手可设计成单板型机械手爪，一边为固定抓板，如图2-30所示，另一边为移动抓板，如图2-31所示，通过抓手安装板（图2-32）、直线导轨、气缸和其他组件有机连接而成。

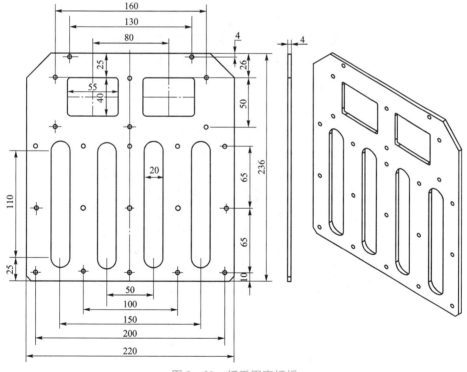

图2-30　抓手固定抓板

为减轻码垛抓手的整体重量，抓板、固定板及其配件可在适当地方进行镂空，制作材质采用密度小、强度大的铝合金。设计移动抓板时，为保证其移动运行的稳定性、可靠性，以及后续生产中的易于维护性，选用一组自润式直线导轨BRH15B（图2-33）作为移动抓板的移动单元。

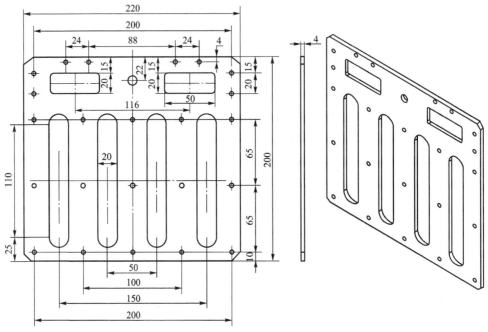

图 2-31 抓手移动抓板

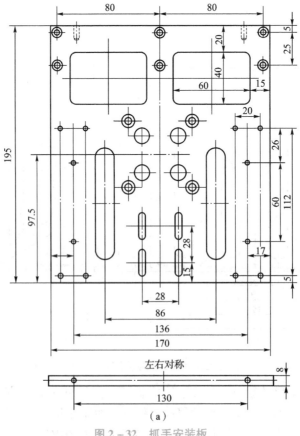

左右对称

（a）

图 2-32 抓手安装板

（a）平面图

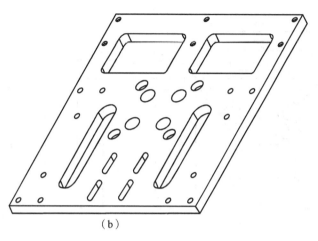

（b）

图 2－32　抓手安装板（续）

（b）立体图

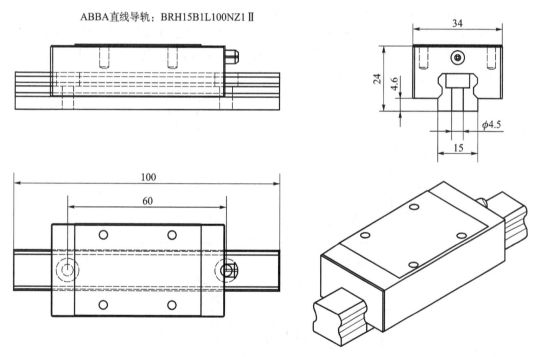

图 2－33　直线导轨 BRH15B

参照图2-18，ABB IRB 1410型工业机器人手腕法兰盘接口尺寸，同时需考虑到拆卸与安装的便利性，设计抓手转接板，如图2-34所示，使其成为码垛抓手安装板与机器人腕部连接的桥梁。

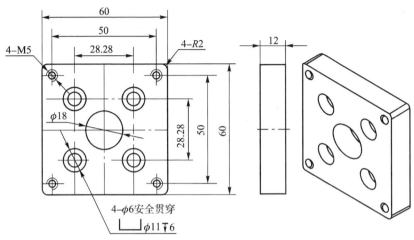

图2-34 抓手转接板

2. 配套气缸和导轨选型

通过计算封装后纸箱的重量，估算出码垛抓手稳稳抓住纸箱所需的力量，选出移动抓板适当的行程，按照气缸选型的相关规则，本码垛抓手选用 CHELIC JD25×10-B-SE2 气缸。综合气缸的外形尺寸，设计抓手气缸安装板，如图2-35所示。气缸与移动抓板通过螺丝连接，通过控制气流方向来控制移动抓板的活动。

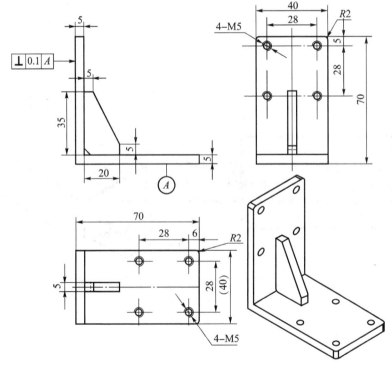

图2-35 抓手气缸安装板

综合直线导轨的相关尺寸，设计抓手移动安装板（图 2 - 36）和抓手加强筋（图 2 - 37），使其与直线导轨和移动抓板连接成一个整体。

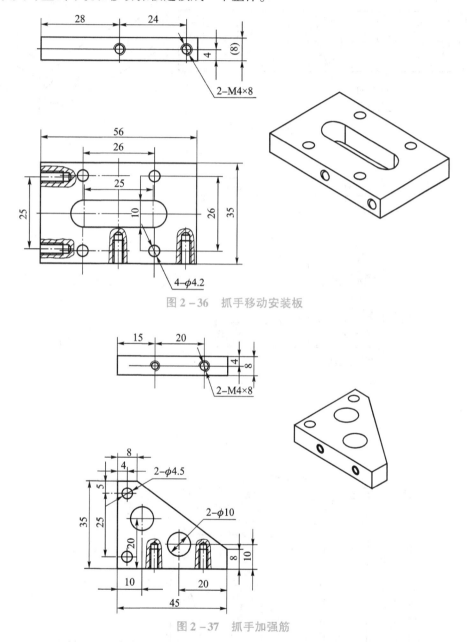

图 2 - 36　抓手移动安装板

图 2 - 37　抓手加强筋

为了防止直线导轨在运动过程中滑块脱离导轨，在导轨两端需设计滑块限位块，如图 2 - 38 所示。

为了加强码垛抓手整体的结构强度，需设计加强筋 2（图 2 - 39），在合适的地方对结构整体予以加固。

综合上述零配件，夹取式搬运机器人末端操作器码垛抓手组装后示意图如图 2 - 40 所示。

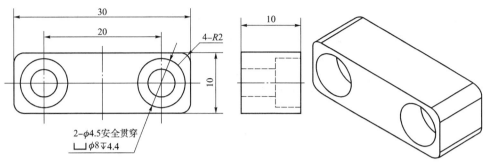

图 2－38　滑块限位块

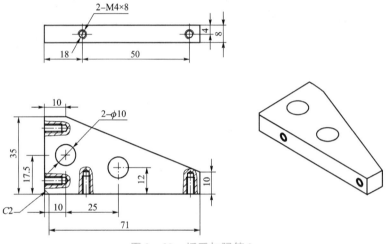

图 2－39　抓手加强筋 2

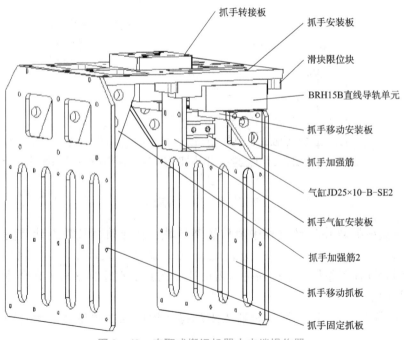

图 2－40　夹取式搬运机器人末端操作器

（1）组装体自身长×宽×高为 220 mm × 199 mm ×248 mm。为增加摩擦力和夹取时抓手与纸箱进行软接触，可在固定抓板和移动抓板内侧分别紧固一层 PVC 摩擦片（图 2 – 41），PVC摩擦片尺寸为 220 mm ×150 mm ×5 mm。调配好的码垛抓手可夹取工件宽度为 140 ~ 158.5 mm。

（2）为实时检测纸箱是否已经夹紧，即气缸动作是否已到位，需在气缸上装两个感应装置：一为远端，即气缸撑杆完全撑开位置；二为近端，即气缸撑杆完全缩回状态，具体安装方式可参考气缸安装说明。

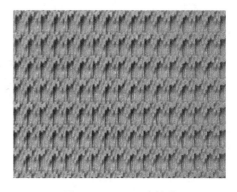

图 2 – 41　PVC 摩擦片

（3）为确保既夹紧纸箱不脱落，又不会将纸箱夹变形，需通过现场调整抓手气缸安装板的安装位置来实现此目的。

任务 2　夹取式搬运机器人底座设计

机器人底座的设计必须考虑以下几个方面：①机器人本身的固定；②机器人在垂直方向上的空间不足；③机器人操作工作面高度。因此机器人底座可以采用普通槽钢和钢板焊接而成，以地脚螺母支撑，如图 2 – 42 所示。

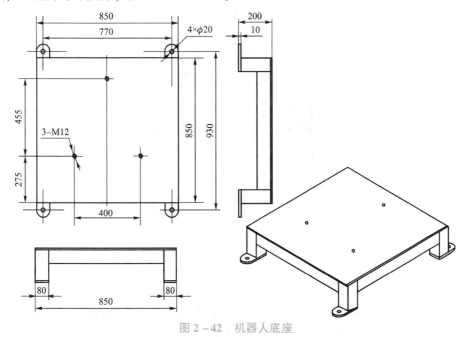

图 2 – 42　机器人底座

任务 3　夹取式搬运机器人预定位装置设计

如图 2 – 43 所示纸箱预定位装置与皮带输送线组合在一起，在纸箱输运的同时，通过预装挡块将纸箱校正，在特定位置设置挡杆将纸箱拦停，供多关节机器人抓取完成码垛。

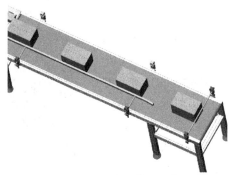

图 2 – 43　预定位装置示意图

任务 4　夹取式搬运机器人工作站布局

夹取式搬运机器人工作站布局如图 2 – 44 所示，它由皮带输送线、机器人工作站、码垛盘及相关配件组成。相互之间的距离尺寸标注省略，条件允许时可将该工作站导入机器人仿真软件，进行机器人运动干涉仿真。

图 2 – 44　夹取式搬运机器人工作站布局

2.5　考核评价

考核任务 1　熟悉机器人码垛生产线
要求：了解机器人码垛生产线的相关基础知识及优点；了解常用的与其配套的组件。
考核任务 2　掌握直线导轨和常用气缸的选型
要求：能够独立根据实际需求进行直线导轨和常用气缸的选型和应用。
考核任务 3　基本掌握码垛机器人工作站的设计
要求：能够根据应用需求，合理设计码垛机器人工作站，主要包括末端执行器（抓手）设计、工件预定位装置和工作站布局。

项目三

抛光打磨机器人工作站工装设计

3.1 项 目 描 述

关于抛光打磨机器人有如下介绍。

定义：抛光打磨机器人是现代工业机器人众多种类的一种，用于替代传统人工进行工件的打磨抛光工作。

用途：主要用于工件的表面打磨、棱角去毛刺、焊缝打磨、内腔内孔去毛刺、孔口螺纹口加工等工作。

组成：一般是由示教盒、控制柜、机器人本体、压力传感器、磨头组件等部分组成。可以在计算机的控制下实现连续轨迹控制和点位控制。

应用领域：卫浴五金、IT、汽车零部件、工业零件、医疗器械、木材建材、家具制造、民用产品等。

主要优点：提高打磨质量和产品光洁度，保证其一致性；提高生产率，一天可24小时连续生产；改善工人劳动条件，可在有害环境下长期工作；降低对工人操作技术的要求；缩短产品改型换代的周期，减少相应的投资设备；可再开发性，用户可根据不同样件进行二次编程；可长期进行打磨作业，保证产品的高生产率、高质量和高稳定性等。

主要类别：按照对工件的处理方式的不同可分为工具型打磨机器人和工件型打磨机器人两种。

本项目的主要学习内容包括：了解抛光打磨机器人工作基本组成，了解抛光打磨机器人磨头组件选型，掌握抛光打磨机器人工装夹具设计，掌握抛光打磨机器人法兰连接部件设计，掌握抛光打磨机器人气压传动系统设计。

3.2 教 学 目 的

通过本项目的学习与实践，学生应：

（1）掌握抛光打磨机器人工作基本组成；

（2）掌握抛光打磨机器人磨头组件的选用方法；

（3）掌握抛光打磨机器人针对不同工件时的各种工装夹具设计方法；

（4）掌握抛光打磨机器人法兰连接部件设计方法；

（5）掌握抛光打磨机器人气压传动等其他周边辅助系统设计方法。

3.3　知　识　准　备

3.3.1　抛光打磨机器人工作场景

很多铸件要人工打毛刺，不仅费时、打磨效果不好、效率低，而且操作者的手还常常受伤，此外打毛刺工作现场的空气污染和噪声还会损害操作者的身心健康。各种材质和形状物体的打磨、抛光等工作现在已由机器人来完成。人工与机器人抛光打磨的对比如图3－1所示。

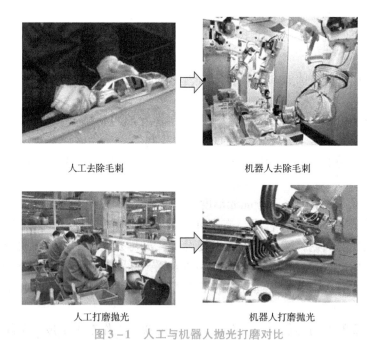

人工去除毛刺　　　　　　　　　机器人去除毛刺

人工打磨抛光　　　　　　　　　机器人打磨抛光

图3－1　人工与机器人抛光打磨对比

注：打磨近似"抛光"，区别在于使用的磨料粗细不同，号数越小，粒度越细，号数越大，粒度越粗，8000#是最细的。研磨抛光玉器时，用粗号研磨、细号抛光后玉器很亮。抛光的玻璃、宝石、玉器、不锈钢、石材，可以达到镜面效果。抛光是指利用机械、化学或电化学的作用，使工件表面粗糙度降低，以获得光亮、平整表面的加工方法。

3.3.2　抛光打磨工业机器人的分类

打磨机器人，按照作业方式的不同主要分为工具型打磨机器人（图3－2）和工件型打磨机器人（图3－3）。

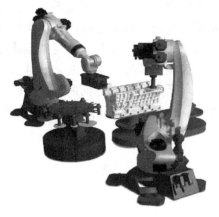

图3-2　工具型打磨机器人　　　　图3-3　工件型打磨机器人

　　工具型打磨机器人，主要用于大型工件的打磨加工，如大型铸件、叶片、大型工模具等。工件型打磨机器人主要适用于中小零部件的自动化打磨加工，还可以根据需要配置上料和下料的机器人，完成打磨的前后道工件自动化输送。一般情况下陶瓷卫浴、家具等生产厂家使用工具型机器人较多。五金、零部件、电子产品等生产使用工件型机器人较多。保持本体不变的情况下两种类型机器人可根据不同生产情况进行转换。

　　工具型打磨机器人，由工业机器人本体和打磨工具系统力控制器、刀库、工件变位机等外围设备组成，由总控制电柜固连机器人和外围设备，总控制柜的总系统分别调控机器人和外围设备的各个子控制系统，使打磨机器人单元按照加工需要，分别从刀库调用各种打磨工具，完成工件各个部位的不同打磨工序和工艺加工。

　　工件型打磨机器人，是一种通过机器人抓手夹持工件，把工件分别送到各种位置固定的打磨机床设备，分别完成磨削、抛光等不同工艺和各种工序的打磨加工的打磨机器人自动化加工系统，其中砂带打磨机器人最为典型。

3.3.3　机器人打磨动力头

　　工具型打磨机器人的机械打磨方式目前分为刚性打磨和柔性打磨，可根据工件及工艺要求不同采用适合的刚性和柔性打磨头。刚性打磨头成本低廉，但工件外形复杂时加工效果不好，柔性打磨头则能有效补偿刚性打磨头的缺点。机器人打磨动力头如图3-4所示。

图3-4　机器人打磨动力头

由于机械臂刚性、定位误差等因素，采用机器人夹持电动、气动产品去毛刺，针对不规则毛刺进行处理时容易出现断刀或者对工件造成损坏等情况。目前已经广泛使用的浮动去毛刺机构能有效解决这方面的问题，在进行难加工的边、角、交叉孔、不规则形状去毛刺时，浮动机构和刀具能针对工件毛刺采取跟随加工，如同人手滑过工件毛刺般进行柔性去除毛刺，能有效避免造成刀具和工件的损坏，吸收工件及定位等各方面的误差。机器人去毛刺浮动机构能通过手抓自动换刀，进行多工序加工，也可从经济角度出发使用螺纹或者其他方式与机器人连接。

3.3.4 砂轮机、砂带机

图 3-5 和图 3-6 所示的是砂轮机和砂带机。

图 3-5 砂轮机   图 3-6 砂带机

工件型抛光打磨机器人采用机器人夹持工件，移动到砂轮机和砂带机上面的合适位置，进行打磨。根据打磨工件的不同，可以选用不同的机型。

3.3.5 工作站总体组成

图 3-7 所示的是工具型抛光打磨机器人工作站。由机器人本体、本体控制箱、打磨头、工作台，以及外围安全设备组成。工件型抛光打磨机器人则需要增加砂轮机和砂带机等。

3.3.6 安全措施

（1）加防护网，使操作员与机器人隔离。确保工作时任何人无法与机器人及相关运动部件接触。

（2）安全锁保证措施。进入机器人防护网内进行检修，必须用专用钥匙。只有相应操作员有该钥匙。当对机器人进行检修等要进入防护网内时，必须把钥匙取下放置在操作员

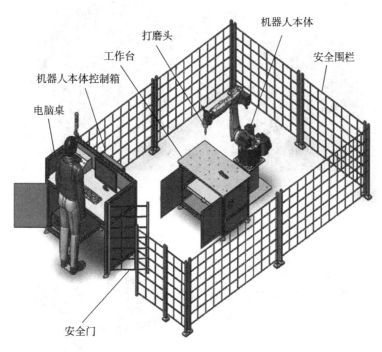

机器人本体

打磨头

工作台

安全围栏

机器人本体控制箱

电脑桌

安全门

图 3 - 7　工具型抛光打磨机器人工作站

手里。钥匙取下就自动下电，采用多级串连方式保护。同时在防护网内有上下电总开关，在防护网外面也有上下电总开关。仅仅当里外两个总开关都闭合且钥匙也在闭合位置时才能给设备上电。当钥匙取下或处于开的位置，里面的总开关自动断开。

（3）机器人自身安全措施主要是机器人防碰：采用高可靠性数控系统；机器人每加工完一个零件就自动检测自身的位置及回零点，确保位置准确；采用示教方式编程，验证产生的程序到正确为止。

（4）带有急停按钮、工作状态塔灯和蜂鸣器。

3.4　任务实现

任务 1　工件的确定

在设计抛光打磨机器人之前，我们首先要知道用它来做什么事情，也就是目的。抛光打磨针对的是那些有毛刺和需要光亮表面的工件，比如铸造件，其中典型的为发动机箱体，如图 3 - 8 所示。铸造出来的毛坯有很多毛刺，必须对其进行处理。我们以此作为案例，进行抛光打磨机器人各系统零部件的设计。

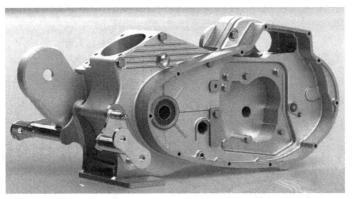

图3-8 发动机箱体

任务2 打磨工具的确定

发动机箱体一般都是铝合金铸造出来的，铸造工艺容易产生毛刺，如果不进行清理，产品就不能满足使用要求。去除毛刺，需要有去毛刺的工具，如图3-9所示。

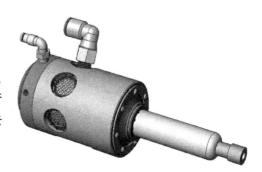

任务3 机器人法兰连接设计

图3-9 打磨工具

第一步：确定机器人品牌型号。以需要加工的零件尺寸大小为主要依据，计算所需的机器人最大工作范围，从而确定对应的机器人规格型号。详细的尺寸参数，机器人供应商可以提供。以KUKA KR5_R1400机器人为例，如图3-10和图3-11所示。

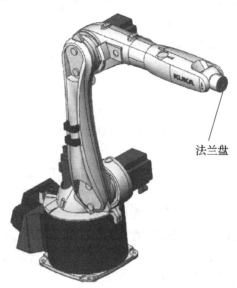

法兰盘

图3-10 KUKA KR5_R1400 机器人

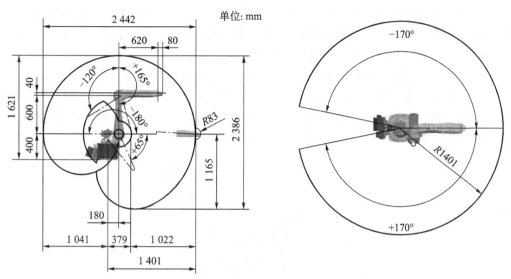

图 3 – 11　KUKA KR5_R1400 机器人活动范围

第二步：确定机器人法兰盘的尺寸，如图 3 – 12 所示。

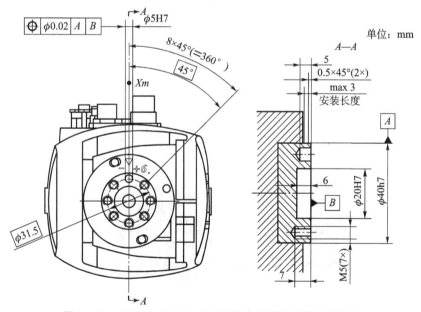

图 3 – 12　KUKA KR5_R1400 机器人手腕法兰盘连接尺寸

第三步：确定法兰上面安装的工装。这里需要重点关注，因为这里是机器人的工作末端，所有工作的完成，都需要末端工具去实现，比如：安装打磨头，实现打磨；安装相机，实现拍照；安装气嘴气管，实现吹扫。还有很多其他需要实现的功能，都需要安装末端工具。有时需要同时实现多种功能，需要更换或者增减功能，这就使得法兰上面需要安装的工装很多，但是法兰的安装位置有限，我们必须设计一个可以安装多种工具的工具盘，进行转接，工具的安装与法兰盘中心同心。使用时，通过转动机器人法兰（第六轴），使需要的工具移动到合适的位置。工具也可以垂直法兰或者以偏斜角度布置，视需要而定。

工具盘上面安装多种工具，每种工具都有单独的工作状态和工作范围，要严格避免工具的工作范围发生干涉，必须仔细核算每种工具的使用状态和使用范围，从而确定在工具盘上面的安装位置和安装尺寸。同时，可以预留部分安装工位，以便进行功能扩展。

工件型抛光打磨机器人的工具安装与此类似，只是夹持的不是工具，而是工件，一般都是针对小型的零件。在工具盘上面或者法兰上面直接安装气动夹爪，从工作台放料区夹取工件，移动到砂轮或砂带上的合适位置，进行抛光打磨，完成后放回工作台放料区。气动夹爪的安装如图3-13、图3-14所示。

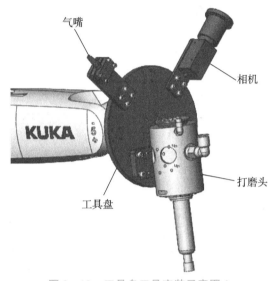

图3-13　工具盘工具安装示意图1

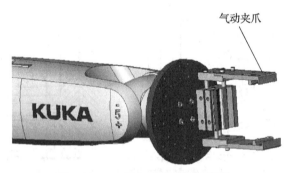

图3-14　工具盘工具安装示意图2

第四步：工具盘与法兰的连接设计。如图3-15所示，法兰上面有M5×7的螺丝孔，工具安装盘与法兰对应的位置设置4个螺丝过孔，通过螺丝与法兰连接。这样工具安装盘就可以随机器人移动和转动。

任务4　工具安装设计

1. 打磨主轴工装设计

打磨主轴采用ATI的RC340，背面有安装基准面和安装螺丝孔，如图3-16所示。

工具盘与法兰通过螺丝连接

图 3 – 15　工具盘与法兰连接示意图

安装螺丝孔

RC340
· 340 W
· 40 000 r/min
· 适用铝、轻铁
· 热固性塑料
· 小于1mm的毛刺
· 侧面或背面安装

图 3 – 16　RC340 打磨主轴示意图

打磨主轴安装基准面凹下去，不能直接装到工具盘上面，需要设计一个安装板进行转接，安装板如图 3 – 17 所示。

打磨头安装到工具盘上面，如图 3 – 18 所示。

图 3 – 17　RC340 打磨头安装板

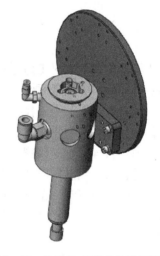

图 3 – 18　RC340 打磨头安装示意图

抛光打磨的工具有很多种，不同的工具，安装方式不同，需要根据其特点进行设计，其安装位置、紧固方式要与之相适应。

2. 吹扫气嘴工装设计

抛光打磨会产生很多碎屑和灰尘，粘在工件上，必须进行清除。设置吹气除尘气嘴，将压缩空气通过气管和气嘴，吹到工件表面，清除尘屑。气嘴需要安装到工具盘上面，可以通过气嘴支架安装和固定，如图 3 – 19 所示。

3. 相机工装设计

为了对抛光打磨的效果进行有效检测，设置了相机，可以多角度进行拍照，进而识别出是否满足要求。相机需要安装到工具盘上面，可以通过相机支架安装，方便拆卸和更换，如图 3 – 20 所示。

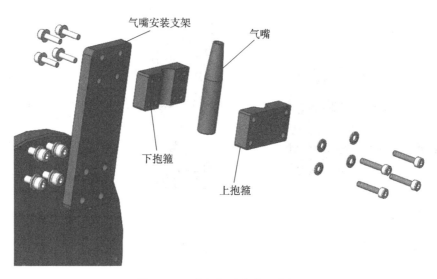

图 3 – 19　吹扫气嘴安装示意图

任务 5　工作台设计

为了方便机器人对工件进行抛光打磨，必须对工件进行固定。同时，工件必须固定在机器人的有效工作范围内。为此，设置了一个工作台，其安放位置和高度与机器人本体密切相关，使得工作台台面范围在机器人的有效工作范围内。台面设置矩阵螺丝孔，配备压板夹具等，方便装夹工件，可以满足同时装夹多个工件，提高效率。为保

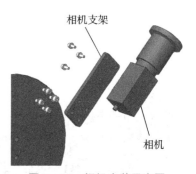

图 3 – 20　相机安装示意图

证工作台的位置不动，工作台设置脚杯，用地脚螺栓固定在地面。同时充分利用工作台的内部空间，安装电气元件。电气元件安装板做成抽屉式，方便检修，如图 3 – 21 所示。

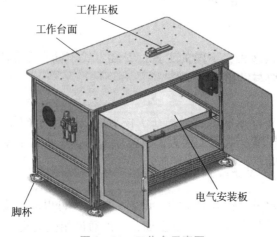

图 3 – 21　工作台示意图

3.5 考核评价

考核任务1 熟练掌握抛光打磨机器人工作站的组成

要求：能够熟练掌握KUKA抛光打磨机器人KR5_R1400的基本结构和基本尺寸；熟练掌握抛光打磨的实现方法和基本工具；熟练掌握打磨头和砂轮机及砂带机的功能和使用方法；熟练掌握工作站各组成部分的功用；能够用专业语言正确、流利地展示配置基本的步骤，思路清晰、有条理；能圆满回答老师与同学提出的问题，并能提出一些新的建议。

考核任务2 熟练掌握抛光打磨机器人工装夹具设计

要求：了解KUKA抛光打磨机器人的各部件安装和固定方法及原理；熟练掌握工作台设计方法和原理；熟练掌握工具盘的设计和工具设置；能用专业语言正确、流利地展示零部件安装和固定方法及原理，思路清晰、有条理；能圆满回答老师与同学提出的问题，并能提出一些新的建议。

项目四

装配机器人流水线（或工作站）工装设计

4.1 项目描述

关于装配机器人的介绍如下。

定义：装配机器人是现代工业机器人众多种类的一种，用于替代人工或者辅助人工协同进行工件的装配工作。

用途：主要用于工件的夹取或吸取、放置、按压、拧螺丝螺母等工作。

主要优点：适应自动化规模生产，提高装配质量，保证产品一致性；提高生产率，替代人工，一天可24小时连续生产；可在有害环境下长期工作；可长期进行装配作业、保证产品的高生产率、高质量和高稳定性等。

工作形式：根据装配工序的多少和难易程度，可以分为流水线形式布置和工作站形式布置。

本项目的主要学习内容包括：了解装配机器人工作内容，了解装配机器人工装夹具设计，了解装配机器人气压传动系统设计，了解产品装配流程设计，了解产品适应自动化装配的设计思路。

4.2 教学目的

通过本项目的学习与实践，学生应：

（1）掌握装配机器人工作内容；

（2）掌握装配机器人工作站和流水线功能布局；

（3）掌握不同装配产品的装配流程分析；

（4）掌握产品装配工序设置和工位设置；

（5）掌握装配机器人针对不同工件装配时的各种工装夹具设计方法；

（6）掌握装配机器人气压传动等其他周边辅助系统设计方法。

4.3　知识准备

4.3.1　装配机器人的工作场景

随着社会科技的迅猛发展，如今不少企业开始进入工业机器人生产阶段，这意味着生产自动化、智能化革命的开始。智能制造、自动化装配，具有高效率、高质量、高稳定性、高可靠性等优点，应用越来越广泛。如图 4－1 和图 4－2 所示，自动化装配生产线已经逐步取代人工生产线。

图 4－1　人工装配生产线

图 4－2　机器人装配生产线

4.3.2　装配机器人的布局

装配机器人可以根据工作要求，以流水线或者工作站形式进行布局。图 4－2 所示是流水线形式，图 4－3 所示是工作站形式。

4.3.3　装配机器人的关键技术

1. 装配机器人的精确定位

装配机器人运动系统的定位精度是由机械系统静态运动精度（几何误差、热和载荷变形误差）和机电系统高频响应的暂态特性（过渡过程）决定的，其中静态精度取决于设备的制造精度和机械运动形式，动态响应取决于外部跟踪信号、系统固有的开环动态特性、所采用的减振方法（阻尼）和控制器的调节作用。

2. 装配机器人的实时控制

在许多微机应用领域中，微机的速度和功能往往不能满足需要。特别是在多任务工作环境下，各任务只能分时工作，动态响应取决于外部跟踪信号、系统固有的开环动态特性、所采用的减振方法（阻尼）和控制器的调节作用。

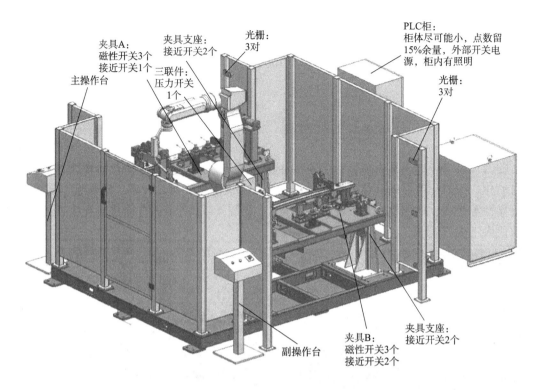

夹具A:
磁性开关3个
接近开关1个

夹具支座:
接近开关2个

光栅:
3对

PLC柜:
柜体尽可能小，点数留
15%余量，外部开关电
源，柜内有照明

三联件:
压力开关
1个

主操作台

光栅:
3对

副操作台

夹具B:
磁性开关3个
接近开关2个

夹具支座:
接近开关2个

图 4 - 3　装配机器人工作站

3. 检测传感技术

检测传感技术的关键是传感器技术，它主要用于检测机器人系统中自身与作业对象、作业环境的状态，向控制器提供信息以决定系统动作。传感器精度、灵敏度和可靠性的好坏很大程度地决定了系统性能的好坏。检测传感技术包含两方面内容：一是传感器本身的研究和应用；二是检测装置的研究与开发。包括：多维力觉传感器技术、视觉技术、多路传感器信息融合技术、检测传感装置的集成化与智能化技术。

4. 装配机器人系统软件研制

PC 是在 MS-DOS 或 Windows 操作系统下工作的。MS-DOS 是一个单任务操作系统，Windows 则是分时多任务的，均不能满足机器人规划、伺服同时进行的要求。为此，必须开发一个协调上、下位机各任务工作的实时控制程序，它作为 MS-DOS 或 Windows 下的一个应用程序分别在两个系统上运行。装配机器人系统的软件主要由机器人语言编译模块、多任务监控模块、双系统握手通信模块、伺服控制模块四部分构成。系统在上电启动后即初始化，建立双系统联系，根据 Semaphore 锁存器的值及双口 RAM 中的数据调度任务，在机器人初始定位后对机器人语言命令进行编译，分由上、下位机同时执行。

5. 装配机器人控制器的研制

装配机器人的伺服控制模块是整个系统的基础，它的特点是实现了机器人操作空间力和位置混合伺服控制，实现了高精度的位置控制、静态力控制，并且具有良好的动态力控制性能。伺服模块之上的局部自由控制模块相对独立于监督控制模块，它能完成精密的插圆孔、方孔等较为复杂的装配作业。监督控制模块是整个系统的核心和灵魂，它包括了系统作业的安全机制、人工干预机制和遥控机制。多任务控制器可广泛应用于工业装配机器人中作为其实时任务控制器而使用，也可用作移动机器人的实时任务控制器。

6. 装配机器人的图形仿真技术

对于复杂装配作业，示教编程方法效率往往不高，如果能直接把机器人控制器与 CAD 系统相连接，则能利用数据库中与装配作业有关的信息对机器人进行离线编程，使机器人在结构环境下的编程具有很大的灵活性。另外，如果将机器人控制器与图形仿真系统相连，则可离线对机器人装配作业进行动画仿真，从而验证装配程序的正确性、可执行性及合理性，为机器人作业编程和调试带来直观的视觉效果，为用户提供灵活友好的操作界面，具有良好的人机交互性。

4.3.4　气缸气爪

图 4 - 4 和图 4 - 5 所示的两种不同形式的气缸，前者执行推顶动作，后者执行夹取动作，其他各种功能的气动元件都已经标准化，可以根据需要选择合适的型号和规格。常用的品牌有 SMC、气立可、亚德客等，都提供了详尽的选型手册，可以帮助用户了解各种气缸的功用和规格尺寸，方便设计。

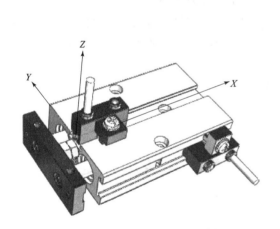
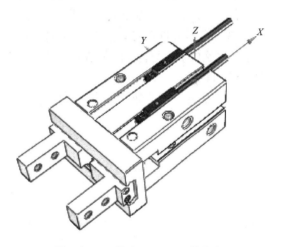

图 4 - 4　亚德客 TN-10 × 20 双轴气缸　　　　图 4 - 5　亚德客 HFZ16 手指气缸

4.3.5　流水线总体组成

图 4 - 6 所示是自动装配流水线，由 6 台机器人、3 条输送线、电气控制柜、工作台，以及激光打标机、螺丝机、贴标机等设备组成，外围设置安全围栏和安全门。全自动化装配，实现真正的无人工厂。

4.3.6　安全措施

（1）加防护网，使操作员与机器人隔离。确保工作时任何人无法与机器人及相关运动部件接触。

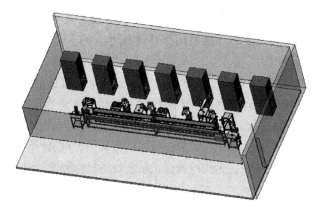

图 4 - 6　自动装配流水线

（2）安全锁保证措施。进入机器人防护网内进行检修，必须用专用钥匙。只有相应操作员有该钥匙。当对机器人进行检修等要进入防护网内时，必须把钥匙取下放置在操作员手里。钥匙取下就自动下电，采用多级串联方式保护。同时在防护网内有上下电总开关，在防护网外面也有上下电总开关。仅当里外两个总开关都闭合且钥匙也在闭合位置时才能给设备上电。当钥匙取下或处于开的位置，里面的总开关自动断开。

（3）机器人自身安全措施主要是机器人防碰：采用高可靠性数控系统；机器人每加工完一个零件就自动检测自身的位置及回零点，确保位置准确；采用示教方式编程，验证产生的程序到正确为止。

（4）带有急停按钮、工作状态塔灯和蜂鸣器。

4.4　任 务 实 现

任务 1　装配产品和装配方式的确定

在设计装配流水线之前，首先要确定的是装配产品，并分析其装配过程，确定装配工序。下面以计步器的装配作为案例，详细介绍装配机器人流水线的设计过程。装配方式如图 4 - 7 所示。计步器具体零件尺寸如图 4 - 8 ~图 4 - 10 所示。

在装配完计步器产品后，还可以在产品背面用激光打上个性签名或者图案，然后装入礼品盒内，最后贴上标签。礼品盒装盒如图 4 - 11 所示，礼品盒尺寸如图 4 - 12 所示。

装配过程如下：先拾取并固定壳体，然后装入 PCB 板，盖上底板，拧上螺丝，激光打上

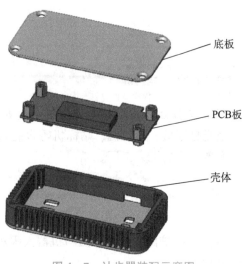

底板

PCB板

壳体

图 4 - 7　计步器装配示意图

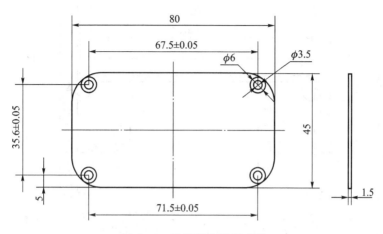

图 4 - 8　计步器底板尺寸图

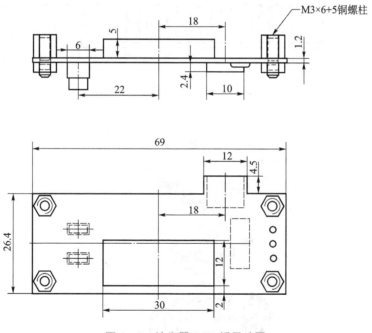

图 4 - 9　计步器 PCB 板尺寸图

签名，再整体装入礼品盒，盖上盒盖，贴上标签。针对这些工序，我们分析一下，用工作站的形式去完成这么多的工作，显然不可取，因此，采用流水线作业的方式，将各个工序单元逐次排开，通过流水线传送产品到各个工序单元，完成后返回流水线，流向下一个工序单元，直到完成所有装配工序。

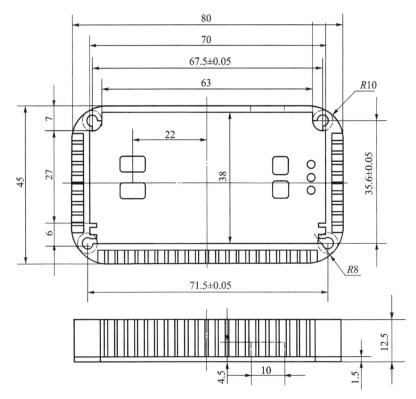

图4-10 计步器壳体尺寸图

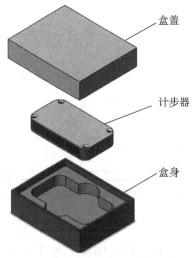

图4-11 计步器礼品盒装盒示意图

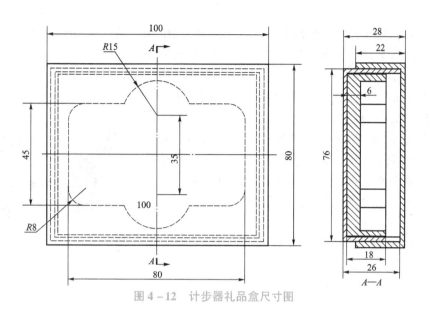

图 4－12　计步器礼品盒尺寸图

任务 2　装配工具的确定

在装配过程中，需要用到以下工具实现装配动作。

（1）手指气缸夹取壳体和 PCB 板。

先分析产品尺寸特征，壳体外形尺寸为 80 mm×45 mm，我们设置夹取宽度方向尺寸为 45 mm，此处选用亚德客品牌的手指气缸，选型软件界面如图 4－13 所示。型号为 HFZ16，配备感应开关 DS1－H，数量 2 个，用以检测气缸开合动作，发出信号，以便协同控制。

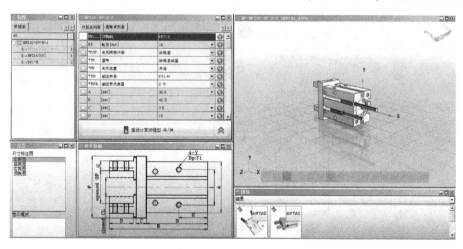

图 4－13　亚德客手指气缸选型示意图

HFZ16 手指气缸的开合尺寸为 20.9 mm 和 14.9 mm，动作空间为 6 mm，单边 3 mm。需要设计相应的夹爪，以适应计步器壳体的宽度尺寸，如图 4－14 和图 4－15 所示，闭合尺寸为 45 mm，开启尺寸为 51 mm。

PCB 板的夹取方式和壳体相同，仅仅是尺寸有区别。我们同样设置夹取宽度方向，尺寸为 26.4 mm，同样选用亚德客手指气缸，型号为 HFZ10，配备感应开关 DS1-H，数量 2 个，用以检测气缸开合动作，发出信号，以便协同控制。

HFZ10 手指气缸的开合尺寸为 15.2 mm 和 11.2 mm，动作空间为 4 mm，单边 2 mm。需要设计相应的夹爪，以适应计步器 PCB 板的宽度尺寸，如图 4-16 和图 4-17 所示，闭合尺寸为 26.4 mm，开启尺寸为 30.4 mm。由于 PCB 板的厚度只有 1.5 mm，上面装有众多的电子元器件，无法采取吸取方式，只能夹取，如此薄的板件夹取容易不稳，夹爪结构需要改进，设置台阶，勾住 PCB 板，防止夹取后在移动过程中跌落。同时，由于 PCB 板必须放置在壳体的卡槽内，受壳体卡槽尺寸的限制，PCB 夹爪的尺寸必须严格控制，防止尺寸干涉的发生，设计过程中一定要对尺寸进行仔细的核算。

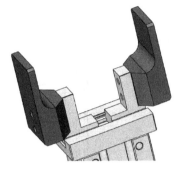

图 4-14　计步器壳体夹爪示意图

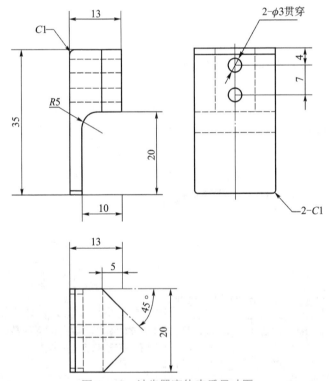

图 4-15　计步器壳体夹爪尺寸图

（2）宽型气缸夹取礼品盒。

先分析产品尺寸特征，礼品盒外形尺寸为 100 mm×80 mm，设置夹取宽度方向尺寸为 80 mm，尺寸相对较大，且材质为纸质，需要夹持范围大一点，增加受力面积，才有利于夹紧，不会让礼品盒变形损失。此处选用 SMC 品牌的宽型气缸，选型界面如图 4-18 和图 4-19 所示。型号为 MHL2-D1，配备感应开关 Y59A，数量 2 个，用以检测气缸开合动作，发出信号，以便协同控制。

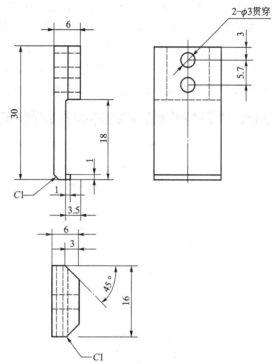

图 4-16　计步器 PCB 夹爪示意图

图 4-17　计步器 PCB 夹爪尺寸图

宽型气爪(平行开闭型)
MHL2系列

标准规格

缸径/mm	10	16	20	25	32	40
使用流体	空气(不给油)					
动作方式	双作用					
最高使用压力/MPa	0.6					
最低使用压力/MPa	0.15	0.1				
环境和流体温度	−10~60℃					
重复精度	±0.1 mm					
夹持力①/N	14	45	74	131	228	396
接管口径	M5×0.8				Rc1/8	

·手指行程长，适合夹持体积大的物件。
·双活塞设计，能增大保持力。
·采用齿轮齿条操作，令手指能同步开闭。
·防尘设计，因采用特别密封件。

注①：在0.5 MPa的压力下及夹持点距离是40 mm(φ10~25)80 mm(φ32/φ40)

图形符号　　型号表示方法

MHL2-16D1-Y59A

磁性开关个数		磁性开关型号
无记号	2个	J-Y59A/B, J-Y69A/B
S	1个	J-Y7NW, J-Y7BA
n	n个	

图 4-18　SMC 宽型气爪选型示意图

MHL2-D1 宽型气缸的开合尺寸为 118 mm 和 78 mm，动作空间为 40 mm，单边 20 mm。需要设计相应的夹爪，以适应礼品盒的宽度尺寸，如图 4-20 和图 4-21 所示，闭合尺寸为 80 mm，开启尺寸为 120 mm。由于礼品盒为纸质材料，相对较软，容易受力变形，夹持需要有一定过盈才能加紧，但是不能夹坏，因此需要在夹爪上面粘贴一层 1 mm 厚的海绵胶条，以增加厚度和摩擦力，保持夹紧力，并且不会损伤礼品盒。

外形尺寸图(毫米)

MHL2-10D□

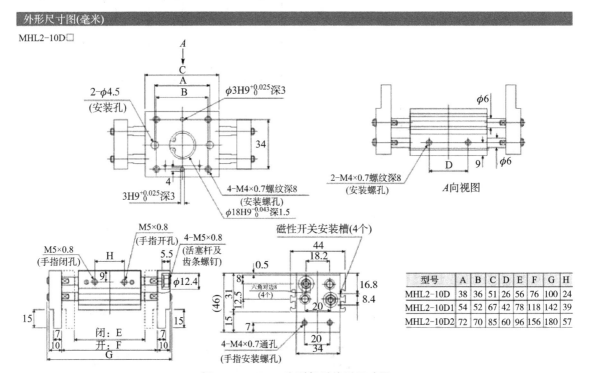

型号	A	B	C	D	E	F	G	H
MHL2-10D	38	36	51	26	56	76	100	24
MHL2-10D1	54	52	67	42	78	118	142	39
MHL2-10D2	72	70	85	60	96	156	180	57

图 4-19 SMC 宽型气爪外形尺寸图

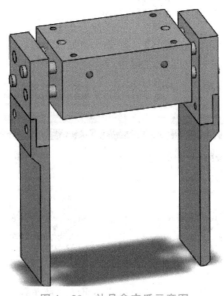

图 4-20 礼品盒夹爪示意图

（3）吸盘吸取底板。

先分析产品尺寸特征，底板外形尺寸为 80 mm×45 mm，表面为光面，因此我们采用吸取方式，吸盘夹具属于标准件，品牌众多，型号规格选择很多，选型界面如图4－22所示。主要选择参数为吸盘直径大小、材料、形状，以及金具的行程、连接形式、大小规格等。还有一个很重要的选项就是缓冲类型选择，有可回转型和不可回转型两种，吸取圆形产品，没有固定方位要求，可以选择回转型。吸取矩形或者要求方位固定的产品，必须选择不可回转型，吸取后，产品保持固有的姿态，不会转动。此处选择的型号为 C－ZPT20UNK2006A10。

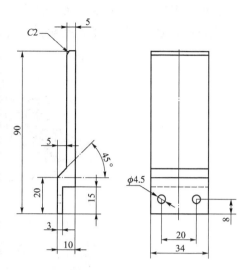

图4－21　礼品盒夹爪尺寸图

型号表示方法

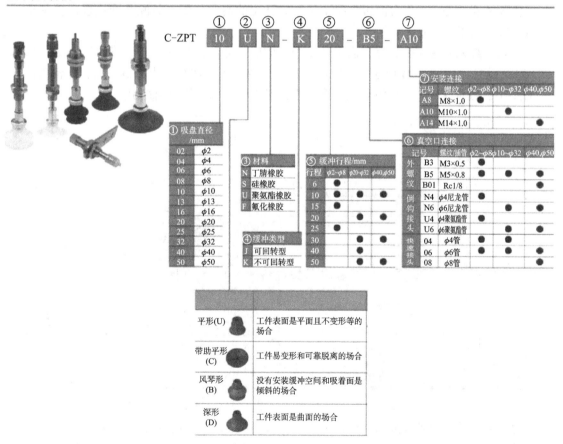

图4－22　吸盘选型手册界面

（4）双轴气缸固定壳体。

计步器装配过程中，都是以壳体作为装配基准，也就是壳体需要固定。我们先分析一下壳体的外形特征，底面为平面，四周为矩形，这些特征最简单。工装夹具设计如下：工作台面托住底面，开孔朝上，装配基准块定位，双轴气缸顶推紧固，如图 4 - 23 所示。

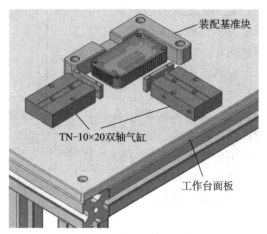

图 4 - 23　计步器装配示意图

需要注意的是，工作台面板需要留出按键凸出的避空位置，装配基准块也需要留出手指气缸夹爪的工作位置。

双轴气缸采用亚德客品牌，根据计步器壳体的尺寸和推顶的位置，我们选择 TN-10 × 20 双轴气缸，如图 4 - 24 所示。X 向和 Y 向各采用一个，往复行程为 20 mm，配备磁性开关 CS1-G，数量共 4 个，检测气缸开合动作，发出信号，以便协同控制。

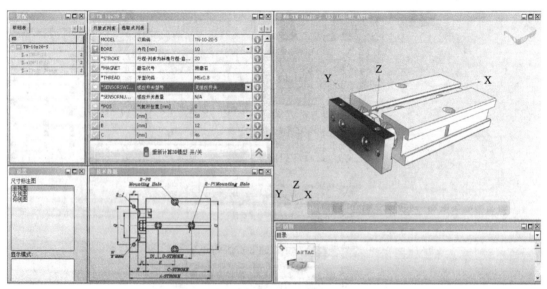

图 4 - 24　亚德客双轴气缸选型示意图

壳体放置前，双轴气缸保持缩回状态，壳体放置到指定位置后，X 向和 Y 向气缸先后完成顶出动作，完成壳体的固定。注意两个气缸不要同步动作，动作先后需要错开。

（5）电批拧上螺丝（配备螺丝机）。

计步器合上底盖后，需要拧螺丝固定，螺丝规格：M3 × 6 平头十字螺丝。采用电批进行自动拧螺丝，对电批已经匹配的螺丝机进行选型，如图 4 - 25 所示。考虑到计步器比较小巧，外壳材质为铝，螺丝规格为 M3，平头，优先选用日本进口电批，规格可以适度偏小，型号规格：HIOS CL-3000，配备电源 CLT-60，与螺丝配套的电批头 3.0×60，采用气动吸附，配套真空吸附件和螺丝吸附套筒。这些配件都可以在电批供应商处获取。

产品功能描述

可旋拧螺丝的规格：

小螺丝	1.0~2.0
自攻螺丝	1.0~1.7

HIOS CL-3000 电批

体积小、重量轻、扭控精准；在组合精密的工体时，如计算器、照相机、磁盘驱动器、小型钟表、磁头、手机、笔记型计算机、PDA 等作业中，因螺丝小、扭力轻，故必须使用输出扭力稳定、扭力精确的电动起子，以保证生产之品质，提高生产之效率。

机种 CL-3000 CL-4000

输出扭矩范围(lbf. in) 0.3~1.7　0.9~4.8
　　　　　　(kgf. cm) 0.3~2　1~5.5
　　　　　　(N·m) 0.03~0.2　0.1~0.54

空载转数 HI 30V 1000 1000
　　　　 LOW 20V 670 690

适用螺丝尺寸 机械螺纹 1.0~2.0　1.4~2.6

自攻螺纹 1.0~1.7　1.4~2.3

适用起子头 Hios φ4　Hios φ4 或 1/4 六角

质量（g）350（390）　380（430）

电源 CLT-50

图 4-25　电批选型示意图

电批拧紧螺丝，需要配套的螺丝机进行螺丝送给。螺丝机型号选用 NSRI-30，如图 4-26 所示，其产品说明如图 4-27 所示。

图 4-26　NSRI-30 螺丝机示意图

（6）激光打上签名。

激光器作为独立的工作单元，计步器只需放置在工作台面指定位置，滑台气缸会将其移动到激光头正下方，完成雕刻后再返回，动作相对简单。

产品说明：

旋转式圆盘将成排的螺丝分成单颗供给，清除了螺丝重叠的现象，从而实现稳定的装夹。

1. 不定的圆头螺丝、带垫片螺丝、薄头螺丝均可顺畅地拾取；

2. 取螺丝口无震动，拾取螺丝稳定且快速；

3. 螺丝供给采用旋转式分料比直线往返式，缩短了回原点时间，提高了螺丝的供给速度；

4. 分料时，若有阻碍，会自动回原点，保证拾取位置的准确性；

5. 提供外接信号线，自动化设备可根据该信号线知道拾取位是否有螺丝；

6. 可以一机更换不同的轨道来适用不同的螺丝，大大节约了成本；（注意：轨道需要另外购买）

7. 备以输出螺丝信号，见图中所示尾部线。

图 4 – 27   NSRI-30 螺丝机产品说明

（7）组合吸盘吸取礼品盒身和盒盖，实现装盒，贴标机贴上标签。

同激光器一样，贴标机作为独立的工作单元，礼品盒只需放置在工作台面指定位置，滑台气缸会将其移动到贴标机下方，完成贴标后再返回，但是礼品盒初始状态为空盒，且盒子并未打开，计步器要装入盒内，需要经过下列工序：机器人礼品盒夹爪将礼品盒夹取，放置到贴标工作台工件放置面板上。装在面板下方的组合吸盘吸住盒身，机器人工具盘上面的组合吸盘吸住盒盖，向上提升，打开礼品盒，如图 4 – 28 所示。装入计步器后，再向下盒上盒盖。

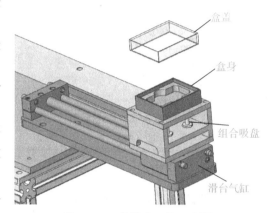

图 4 – 28   礼品盒开盖示意图

（8）设置照相机进行拍照检测识别，确保装配不出现错误。

在整个装配过程中，为了避免发生错误和遗漏，需要对各个重点环节进行检测，如上料、拧螺丝等，以防止不良品进入下一道工序。照相机通常设置在机器人工具盘上面。

任务 3   流水线装配机器人布局

清楚了产品的装配流程和装配方法以后，就可以进行流水线的布局设计了。由于受到装配产品体积和场地的限制，流水线和机器人的整体布局就非常重要了，既要能够协同工作，又要避免相互间发生干涉，还要考虑到机器人臂展是否足够，动作和姿态能否合理展开。可以按照装配流程，将工序分配到若干个工位上，根据计步器的装配流程，将其分成以下工位：上料—装配—激光雕刻—装盒贴标—下料。确定了工序和工位以后，就要确定机器人的型号、机器人的工作任务分配、流水线的设置、流水的节拍控制、料盘的设置、工作台的布局设置等具体内容。

第一步：确定机器人品牌型号。

以需要加工的零件尺寸大小为主要依据，计算所需的机器人最大工作范围，从而确定对应的机器人规格型号。详细的尺寸参数，机器人供应商可以提供。根据计步器的尺寸和装配方式，我们可以基本核算出机器人的工作范围，确定机器人的臂展，采用 KUKA KR6_R700 机器人，如图 4 - 29 所示，其活动范围如图 4 - 30 所示。

图 4 - 29　KUKA KR6_R700 机器人

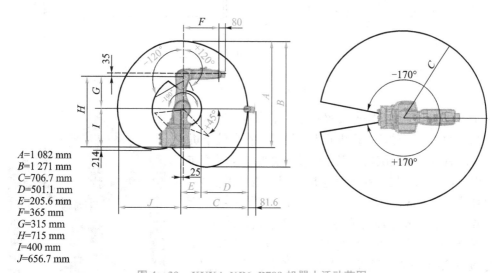

A=1 082 mm
B=1 271 mm
C=706.7 mm
D=501.1 mm
E=205.6 mm
F=365 mm
G=315 mm
H=715 mm
I=400 mm
J=656.7 mm

图 4 - 30　KUKA KR6_R700 机器人活动范围

由于皮带输送线的高度在 750 mm 左右，为了使机器人手臂能够方便有效地进行工作，必须设计一个机器人底座，把机器人固定在底座上面，底座通过地脚螺栓牢固地固定在地面，同时能够架高，使机器人手臂更加接近工作区域，如图 4 - 31 所示。其尺寸设计如图 4 - 32 所示。

第二步：确定工作台的基本尺寸。

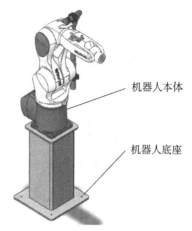

图 4 – 31　KUKA KR6_R700 机器人底座安装示意图

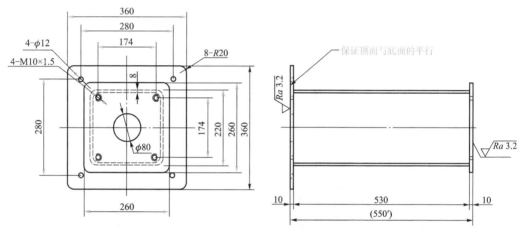

图 4 – 32　KUKA 机器人底座尺寸图

　　各个工位和上下料都需要设置独立的工作台，保持和皮带线相近的高度，尽量靠近机器人，使得工作台处于机器人手臂的有效工作范围内。工作台设计需要参考料盘和工装，以及激光器、贴标机、螺丝机等附属设备的安装，整体尺寸为 500 mm × 400 mm × 740 mm，如图 4 – 33 所示。工作台面板以及上面安装的工装后续单独讲解。

　　这里有个设计思路的问题，那就是交互式设计，各个部分设计并非独立，而是需要通盘考虑，协同跟进，整体和细节交叉设计。若要完成整体布局设计，就需要各个部分的基本尺寸，各部分的设计也必须考虑整体的协调性，通过不断调整最终得到最优方案。

　　第三步：确定装配流水线的尺寸和布局。

　　整条装配线由 3 条皮带输送线和 6 台机器人以及 8 个工作台组成。布局形式和尺寸分别如图 4 – 34 和图 4 – 35 所示。

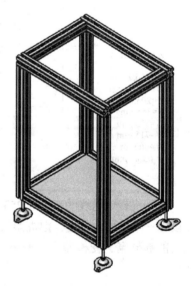

图 4 – 33　工作台框架示意图

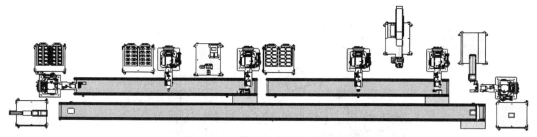

图 4-34 装配流水线布局示意图

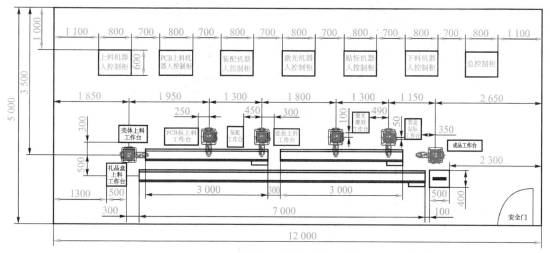

图 4-35 装配流水线布局尺寸图

皮带输送线高度 750 mm，宽度 200 mm，长度 3 000 mm 的 2 条，输送计步器，长度 7 000 mm 的 1 条，输送礼品盒。

机器人 6 台，均为 KUKA KR6_R700，上料工位 1 台，装配工位 2 台，激光工位 1 台，贴标工位 1 台，下料工位 1 台，机器人并非独立工作，可以相互交叉协同工作。

工作台 8 个，从左至右依次为礼品盒上料工作台、壳体上料工作台、PCB 板上料工作台、装配工作台、底板上料工作台、激光雕刻工作台、装盒贴标工作台和成品工作台。

任务4 机器人工具安装设计

第一步：确定机器人法兰盘的尺寸，如图 4-36 所示。

第二步：确定法兰上面安装的工装。需要安放的工装数量有多有少，视具体工作内容而定，尽量将工作平均分配到每一台机器人上去，有利于流水节拍的掌握。由于大多数机器人都会安装多种工具，所以必须设计一个可以安装多种工具的工具盘，进行转接，工具的安装与法兰盘中心同心。使用时，通过转动机器人法兰（第六轴），使需要的工具移动到合适的位置。工具也可以垂直法兰或者以偏斜角度布置，视需要而定。

工具盘上面安装多种工具，每种工具都有单独的工作状态和工作范围，要严格避免工具的工作范围发生干涉，必须仔细核算每种工具的使用状态和使用范围，从而确定在工具盘上面的安装位置和安装尺寸。同时，可以预留部分安装工位，以便进行功能扩展。

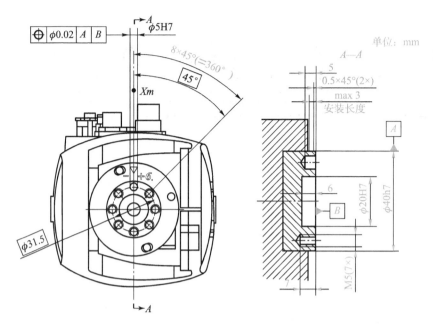

单位：mm

图 4 - 36 KUKA KR6_R700 机器人手腕法兰盘连接尺寸

● 上料工位机器人工装设计。

上料工位有 1 台机器人，需要完成壳体上料和礼品盒上料，就是将壳体和礼品盒从壳体上料工作台和礼品盒上料工作台上夹取，放置到皮带输送线指定位置，同时需要设置照相机对壳体的二维码进行扫描识别。其设置如图 4 - 37 所示。

气缸和夹爪在前面章节已经详细介绍了，这里只对工具安装盘设计进行讲解。此工具盘上面安装有 1 个手指气缸、1 个宽型气缸、1 个照相机。为避免干涉和方便机器人手臂操作，宽型气缸垂直工具盘安装，手指气缸和照相机沿着工具盘圆心方向安装，工具盘上面加工安装孔位。中间留出间距，方便工具盘与机器人法兰盘进行连接紧固，工具盘设计尺寸如图 4 - 38 所示。其他工位上面的机器人工具安装盘设计和此大同小异，根据上面安装的工具不同，形状大小和加工的孔位有差异，不再一一描述。

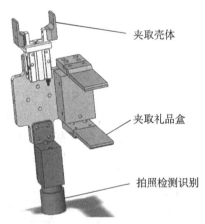

夹取壳体

夹取礼品盒

拍照检测识别

图 4 - 37 上料工位机器人工装设置示意图

● 装配机工位机器人工装设计。

装配工位有 2 台机器人，需要协同工作，完成装配。

前面一台需要完成 PCB 板上料和拍照检测识别，就是将 PCB 板从 PCB 板上料工作台上夹取，放置到壳体内部的卡槽中。同时照相机在螺丝拧紧后对壳体进行拍照检测识别，判断螺丝是否完全拧上，有没有遗漏，有没有拧到位。其设置如图 4 - 39 所示。

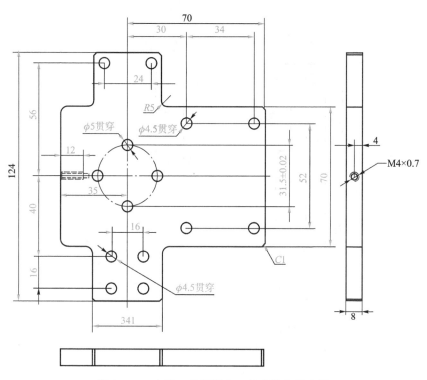

图 4 - 38 上料工位机器人工具安装盘尺寸图

后面一台机器人需要将壳体从皮带输送线上夹取，放置到装配工作台的指定位置，待前一台机器人将 PCB 板放置完成后，吸盘从底板工作台上面吸取底板，放置到壳体上方，双轴气缸顶推固定后，使用电批从螺丝机上面吸取螺丝，将底板和壳体拧紧。其设置如图 4 - 40 所示。

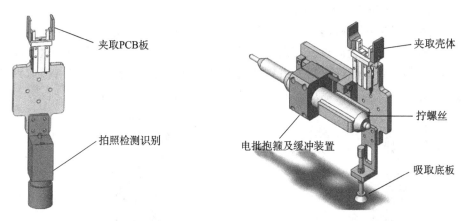

图 4 - 39 装配工位机器人 1 工装设置示意图　　图 4 - 40 装配工位机器人 2 工装设置示意图

吸盘通过支架进行安装，其设计尺寸如图 4 - 41 所示。

电批需要用抱箍紧固，为了使电批拧螺丝时不发生刚性冲击，损伤产品，电批动作方向必须设置柔性缓冲，宽型导轨做导向，两端限位，塞打螺丝限位电批抱箍，上面装上压簧。

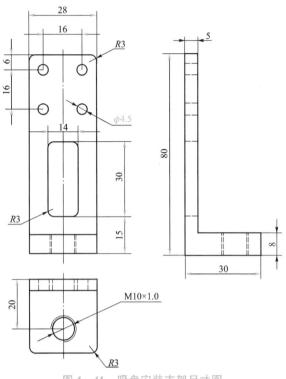

图 4 –41　吸盘安装支架尺寸图

- 激光雕刻工位机器人工装设计。

激光雕刻工位有 1 台机器人，由于激光雕刻属于相对独立的工作系统，与机器人的联系相对简单，只需要机器人将工件放置到激光工作台上面指定的位置即可，其他的工作都要激光雕刻系统自行完成。这里只需要设置壳体夹爪就可以，如图 4 –42 所示。

- 装盒贴标工位机器人工装设计。

装盒贴标工位有 1 台机器人，贴标和激光雕刻一样，属于独立工作单元，只需要将产品放置在工作台指定位置即可。装盒的过程需要注意，需要先打开盒盖，这个动作设置让下料机器人完成，装盒贴标机器人只需要将激光雕刻工位上完成的计步器抓取到开盖后的礼品盒里，通过压块将计步器压入礼品盒衬垫内。其工装设置如图 4 –43 所示。

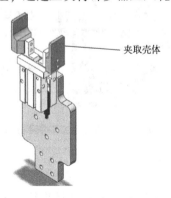

图 4 –42　激光雕刻工位机器
人工装设置示意图

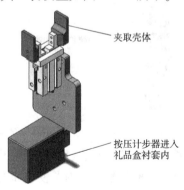

图 4 –43　装盒贴标工位机器
人工装设置示意图

压块采用尼龙材料，避免按压时损伤产品。其尺寸设计如图 4-44 所示。

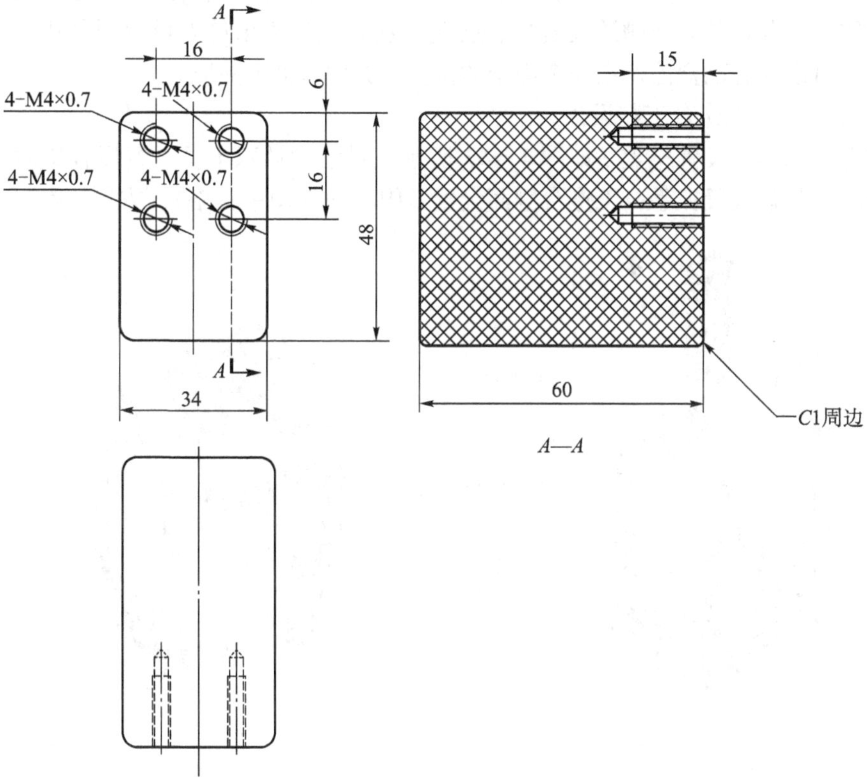

图 4-44 压块尺寸图

- 下料工位机器人工装设计。

下料工位有 1 台机器人，需要从流水线上面夹取礼品盒放置到贴标工作台上指定位置，同时需要辅助装盒贴标工位进行礼品盒开盖盒盖动作，完成贴标后，需要夹取礼品盒放置到成品工作台上。同时设置照相机，对装盒和贴标结果进行拍照检测识别，判断是否满足要求。其工装设置如图 4-45 所示。

任务 5　工作台上面的工装设计

在流水线整体布局图上面，我们设置了工作台 8 个，从左至右依次为礼品盒上料工作台、壳体上料工作台、PCB 板上料工作台、装配工作台、底板上料工作台、激光雕刻工作台、装盒贴标工作台和成品工作台。各个工作台分别分配了一定的工作，相对独立。下面逐一确定工作台上面安装的工装。

（1）礼品盒上料工作台工装设计。

礼品盒上料工作台设置井式上料机构，

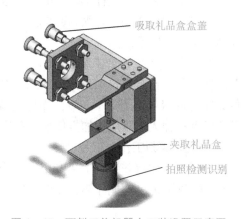

图 4-45　下料工位机器人工装设置示意图

吸取礼品盒盒盖

夹取礼品盒

拍照检测识别

如图4-46所示。礼品盒堆放在料井里面，气缸每推顶一次，出来一个礼品盒，气缸收回，料井里面的礼品盒下落至工作台面板上，恢复初始状态。料井里面的礼品盒可以从上方的井口直接放入，井口和导向槽适度宽松，防止卡料。礼品盒出口处设置限位块，保证每次气缸推出，可以使礼品盒停留在一个固定的位置，方便机器人夹取。

（2）壳体上料工作台工装设计。

壳体上料工作台设置料盘，如图4-47所示。料盘设计双工位，方便补给时不影响装配线的运转，料盘设置抓手，工作台侧面设置紧固手柄（图中省略），方便更换。

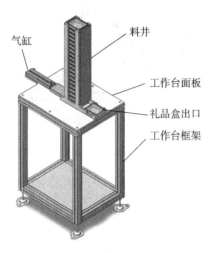

图4-46 礼品盒上料工作台示意图　　图4-47 壳体上料工作台示意图

料盘中物料矩形陈列摆放，方便坐标数据取得。间距设置需要充分考虑手指气缸开合动作空间，必须留足活动空间，不发生碰撞干涉。壳体料盘设计尺寸如图4-48所示。

（3）PCB板上料工作台工装设计。

PCB板上料工作台设置和壳体上料工作台相同，仅仅是料盘内腔尺寸有区别，其他的尺寸完全一致，如图4-49所示。

（4）装配工作台工装设计。

装配工作台设置有装配区域，由装配基准块和2个气缸以及工作台面板组成，面板外围装有螺丝机，方便电批拧螺丝时的螺丝送给，螺丝机需要紧固，如图4-50所示。

螺丝机紧固件2件，紧固到面板上，限制螺丝机Z轴和Y轴移动，侧面设置紧钉固定。尺寸如图4-51所示。

（5）底板上料工作台工装设计。

底板上料工作台设置和壳体上料工作台设置完全一致，料盘大小也完全一致，仅内腔方位相反（底盖4个圆角不一致，详见底盖尺寸图），如图4-52所示。方位相反的设置，主要考虑到机器人夹爪能更加方便地吸取底盖，不需要偏转过大角度。

（6）激光雕刻工作台工装设计。

激光雕刻工作台安装有1台专用的激光器和升降台，设置有上料机构，由1个滑台气缸、2个双轴气缸、气缸固定板以及工作台面板组成，如图4-53所示。

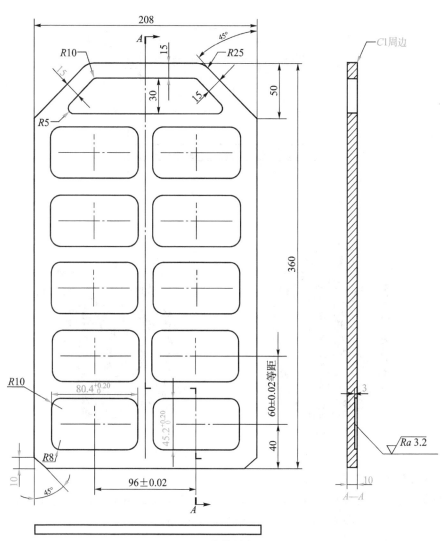

图 4 - 48　壳体料盘尺寸图

图 4 - 49　PCB 板上料工作台示意图

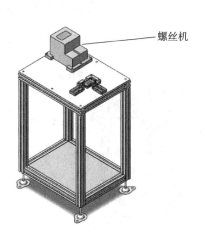

图 4 - 50　装配工作台示意图

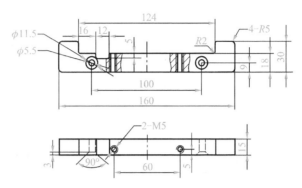

图 4 – 51　装配工作台示意图

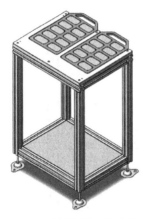

图 4 – 52　底板上料工作台示意图

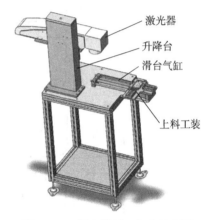

图 4 – 53　激光雕刻工作台示意图

（7）装盒贴标工作台工装设计。

装盒贴标工作台安装有 1 台贴标机，设置有上料机构，由 1 个滑台气缸、组合吸盘以及工作台面板组成，如图 4 – 54 所示（图中贴标机省略）。

（8）下料工作台工装设计。

下料工作台最为简单，设置足够用的成品堆放区域即可，如图 4 – 55 所示。

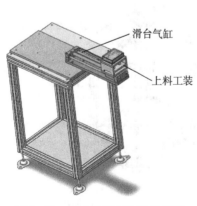

图 4 – 54　装盒贴标工作台示意图

图 4 – 55　下料工作台示意图

任务6　流水线设计工作完成

完成上面的这些工作后，设计工作便进入最后完成的优化确认阶段，详细的设计如图4－56所示。仔细核实设计参数和尺寸，完成工序流程验证，完成工位设置优化调整，完成机器人动作干涉检查，最后定型。这样，我们对装配流水线就有了清晰的认识。

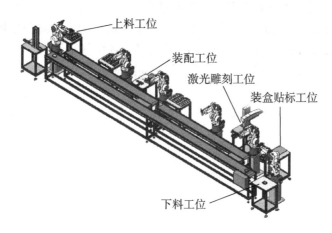

图4－56　完整的流水线工作台

4.5　考核评价

考核任务1　熟练掌握装配机器人流水线（或工作站）的组成

要求：能够熟练掌握 KUKA 抛光打磨机器人 KR6_R700 的基本结构和基本尺寸；熟练掌握皮带输送线的基本结构和传输方式；熟练掌握皮带输送线的布局设置；熟练掌握工作台的功用和设置；熟练掌握装配工位的设置；熟练掌握装配机器人流水线的整体布局和流水设置；能够用专业语言正确、流利地展示配置基本的步骤，思路清晰、有条理；能圆满回答老师与同学提出的问题，并能提出一些新的建议。

考核任务2　熟练掌握产品装配的方法和装配流程

要求：熟练掌握产品的装配要求、装配基准和装配过程；熟练掌握装配工具的选用；熟练掌握装配工序的设置；对本节计步器装配案例，能用专业语言正确、流利地展示机器人装配流水线设计基本的方法和步骤，思路清晰、有条理；能圆满回答老师与同学提出的问题，并能提出一些新的建议。

考核任务3　熟练掌握装配机器人的工装设计

要求：熟练掌握装配机器人的工装夹具设计；熟练掌握工具的功用和设置；熟练掌握多种工具同时安装时的干涉检查；了解基于自动化装配生产的产品的逆向设计思路；能用专业语言正确、流利地展示配置各种装配工具的功用、布局设置、夹具设计思路，思路清晰、有条理；能圆满回答老师与同学提出的问题，并能提出一些新的建议。

考核任务 4　熟练掌握工作台的工装设计

要求：熟练掌握工作台的设计和布局；熟练掌握工作台上面的上料机构、料盘设计；熟练掌握螺丝机、激光雕刻机、贴标机等专用设备在工作台上的布局和安装；熟练掌握装配产品定位和装夹机构动作设计；能用专业语言正确、流利地展示装配产品装夹定位的设置、装配动作实现方式和过程，思路清晰、有条理；能圆满回答老师与同学提出的问题，并能提出一些新的建议。

考核任务 5　熟练掌握气动工具的选型和使用

要求：熟练掌握各种气缸的选型和使用；了解感应开关的选型和使用；熟练掌握各种吸盘的选型和使用；能用专业语言正确、流利地展示各种气动元件的设置、控制方式和过程，思路清晰、有条理；能圆满回答老师与同学提出的问题，并能提出一些新的建议。

项目五

工业机器人输送线

5.1 项目描述

本项目的主要内容为介绍和机器人配套使用最多的皮带输送线和滚筒输送线。重点介绍皮带输送线，包括皮带输送线的结构原理、设计要点、负载能力分析、电动机选型计算、安装调整和日常使用维护。滚筒输送线主要介绍滚筒输送线的选型注意事项、辊筒的选型、辊筒的基本设计和辊筒的常用表面处理方法。

5.2 教学目的

通过本项目的学习与实践，学生应：

(1) 了解皮带输送线的特点及其工程应用；
(2) 掌握皮带输送线的结构原理；
(3) 掌握皮带输送线的设计要点；
(4) 能够对皮带输送线的负载能力进行分析；
(5) 能够对皮带输送线的电动机进行选型计算；
(6) 掌握皮带输送线安装调整和使用维护事项；
(7) 了解滚筒输送线的特点及其工程应用；
(8) 掌握滚筒输送线的选型注意事项；
(9) 掌握滚筒输送线辊筒的选型，能够对常用辊筒进行设计；
(10) 了解滚筒输送线辊筒的常用表面处理方法。

5.3 知 识 准 备

5.3.1 了解常见皮带（滚筒）输送线

常见皮带（滚筒）输送线如图 5 – 1 ~ 图 5 – 6 所示。

图 5-1　直线形皮带输送线

图 5-2　多层直线形皮带输送线

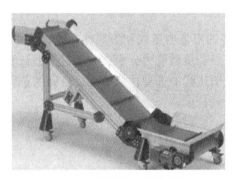

图 5-3　带挡板皮带输送线

图 5-4　转弯皮带输送线

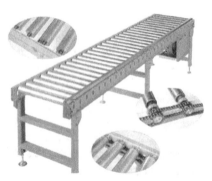

图 5-5　直线形滚筒输送线

图 5-6　多层组合型滚筒输送线

5.3.2　机器人与皮带（滚筒）输送线的配套使用实例

机器人与皮带（滚筒）输送线的配套使用实例如图 5-7 所示。

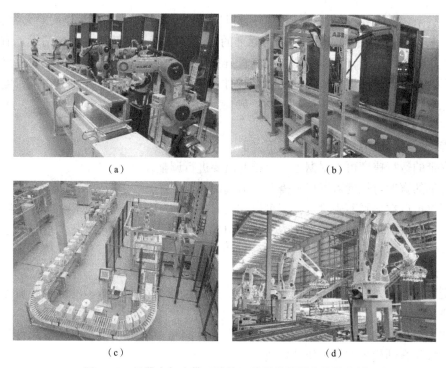

图 5 – 7　机器人与皮带（滚筒）输送线的配套使用实例

（a）皮带输送线实例 1；（b）皮带输送线实例 2；（c）滚筒输送线实例 1；（d）滚筒输送线实例 2

5.4　任务实现

任务 1　皮带输送线结构原理与设计应用

皮带输送系统是最基本、应用非常广泛的输送方式，广泛应用于各种手工装配流水线、自动化专机、自动化生产线中，尤其是各种手工装配流水线及自动化生产线中，与各种移栽机械手相配合，可以非常方便地组成各种自动化生产线。

在自动机械设计中，需要大量使用皮带输送线，对于大型的皮带输送线通常向专业制造商配套订购，而用于自动化专机上的小型皮带输送机构通常则需要自行设计制造。皮带输送机构属于自动机械的基础结构，而且在其设计中还包括了电动机的选型与计算这一重要内容，因此，熟练地进行皮带输送机构的设计是进行自动机械设计的重要基础，本项目将对皮带输送线的典型结构及设计方法进行介绍。

1. 皮带输送线的特点及工程应用

1）皮带输送线主要特点

（1）制造成本低廉。皮带输送线结构简单，制造成本低廉，是自动化工程设计中最优先选用的连续输送方式。之所以制造成本低廉，是因为组成皮带输送线的各种材料和部件都已经标准化并大量生产，如铝型材及专用连接附件、电动机、减速器、调速器、各种工业皮带、链条、链轮等，上述材料和部件都可以通过外购获得，因而制作周期大为缩短。

（2）使用灵活方便。由于广泛采用标准的铝型材结构，铝型材表面专门设计有供安装螺钉螺母用的各种型槽，因而铝型材在装配连接方面具有高度的柔性。通过对铝型材进行切割加工，既可以方便地组成各种形状与尺寸的机架，也可以非常方便地在皮带输送线上安装各种传感器、分隔机构、挡料机构、导向定位机构等，并可以非常方便地对上述机构的位置进行调整。

皮带输送线的灵活性还体现在以下方面：

①皮带的运行速度可以根据生产节拍的需要进行调整。

②皮带的宽度与长度可以根据需要灵活选用。

③不仅可以在水平面内输送，还可以在具有一定高度差的倾斜方向上实现倾斜输送。

④既可以采用单条的皮带输送线，也可以同时采用 2 条或 3 条平行的皮带输送线并列输送而共用电动机驱动系统；各条输送线的方向既可以相同也可以相反，以将不合格的产品反方向送回。

⑤既可以作为大型的输送线用于生产线，也可以作为小型或微型的输送装置用于通常对空间非常敏感的自动化专机上。

⑥如果将皮带输送线委托给专业制作商制造，只需要向对方提出具体的尺寸及技术要求即可，方便自动化生产线的快速集成。

（3）结构标准化。皮带输送线的结构相对比较简单，目前基本上已经是标准化的结构，大部分元件与材料已经实现标准化并可以通过外购获得，这样就可以实现快速设计、快速制造、低成本制造，提高企业的市场竞争力。

2）皮带输送与皮带传动的区别

对初学者而言，很容易将皮带输送与皮带传动混淆，为了帮助读者加深理解，现将两者的联系与区别进行对比说明。

（1）皮带传动。皮带传动是指动力的传递环节，通过皮带轮与皮带之间的摩擦力来传递电动机的扭矩。皮带传动的皮带可以采用多种形式，如平皮带、V 形带、同步带、O 形带等，但在皮带输送中采用的皮带一般都是平皮带，因为皮带表面要放置被输送的物料。

（2）皮带输送。皮带输送包含了皮带传动，因为皮带输送系统必须对皮带施加牵引力，这种牵引力来自两个环节：

①皮带输送系统中的皮带是根据皮带传动的原理直接通过与皮带接触的皮带轮来驱动的，皮带轮与皮带之间的摩擦力牵引皮带运行。

②皮带轮的驱动有可能通过皮带传动来实现。

皮带输送线最终必须通过电动机来驱动，电动机的输出扭矩要传递到皮带轮上才能驱动输送皮带运动，电动机的输出扭矩通常通过以下三种方式传递到皮带轮上：

 ＊齿轮传动；

 ＊链传动；

 ＊带传动。

由于采用齿轮传动时加工装配都较麻烦，所以目前工程上大量采用带传动与链传动；由于在带传动方式中同步带传动具有一系列突出的优点，所以目前大量采用同步带传动方式。在小型输送线上也经常省去上述传动环节，将电动机经过减速器后直接连接到皮带主动轮上，节省空间，简化机构设计。

3）皮带输送线主要工程应用

由于皮带输送线是依靠工件与皮带之间的摩擦力来进行输送的，所以皮带输送线的功率一般不大，输送的物料包括单件的工件及散装的物料，主要应用在电子、通信、电器、轻工、食品等行业的手工装配流水线及自动化生产线上，尤其是在国内珠江三角洲地区、长江三角洲地区的电子制造行业大量采用皮带输送线组成手工装配流水线，所输送的工件多为小型、重量轻的单件产品。也有少数皮带输送线应用在负载较大的特殊场合，如矿山、建筑、粮食、码头、电厂、冶金等行业，用于散装物料的自动化输送。如图5-8（a）所示，为用于手工装配线上的大型皮带输送线实例；如图5-8（b）所示，为用于物料输送的小型皮带输送线实例。

（a） （b）

图 5-8 皮带输送线实例

2. 皮带输送线的结构原理与实例

1）皮带输送线结构原理

各种皮带输送线虽然在形式上有些差异，但其结构原理都是一样的。皮带输送线的结构原理如图5-9所示。

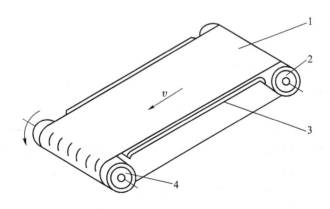

图 5-9 皮带输送线结构原理示意图

1—输送皮带；2—从动轮；3—托板或托辊；4—主动轮

如图 5 - 9 所示，最基本的皮带输送线由以下几部分组成：

（1）输送皮带。输送皮带运行时，工件或物料依靠与皮带之间的摩擦力随皮带一起运动，使工件或物料从一个位置输送到另一个位置。上方的皮带需要运送工件，为承载段；下方的皮带不工作，为返回段。

（2）主动轮。直接驱动皮带，依靠轮与带之间的摩擦力驱动皮带运行。

（3）从动轮。支承皮带，使皮带连续运行。

（4）托板或托辊。直接支承皮带及皮带上方的工件或物料，使皮带不下垂。对于要求皮带运行时保持高度平整的场合通常在皮带输送段的下方采用板状的托板，否则就简单地采用能够自由转动的托辊。由于皮带返回段上没有承载工件，通常都间隔采用托辊支承。

除此之外，完整的皮带输送系统还包括：

（1）定位挡板。由于输送工件时一般需要使工件保持一定的位置，所以通常都在输送皮带的两侧设计定位挡板或挡条，使工件始终在直线方向上运动。

（2）张紧机构。由于皮带在运动时会产生松弛，因此需要有张紧机构对皮带的张力进行调整，张紧机构也是皮带安装及拆卸必不可少的机构。

（3）电动机驱动系统。主动轮的运动必须通过电动机驱动系统来驱动，通常是由电动机经过减速器后再通过齿轮传动、链传动或同步带传动来驱动皮带主动轮的。也有部分情况下将电动机经过减速器减速后直接与皮带主动轮连接，节省空间，如图 5 - 10 所示。

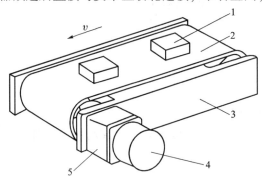

图 5 - 10　电动机及减速器直接与主动轮连接组成的皮带输送系统
1—工件；2—皮带；3—挡板；4—电动机；5—减速器

通常一套电动机驱动系统能够驱动的负载是有限的，对于长度较长（例如数十米）的皮带输送线，通常采用多段独立的皮带输送线在一条直线上安装在一起拼接而成，也就是将多段独立的皮带输送系统按相同的高度固定安装在一条直线方向上。

2）皮带输送线典型结构实例

虽然皮带输送系统在形式上各有差异，但主要的结构是相似的，下面以一种用于某纽扣式电池装配检测生产线的皮带输送系统为例说明其结构组成。

例 5 - 1　某皮带输送系统用于纽扣式锂锰电池装配检测生产线自动输送工作，工件直径约为 20 mm，厚度约为 3 mm，输送线长度约为 1.2 m。

（1）总体结构。

图 5 - 11 为工程上用于这一自动化装配生产线的皮带输送系统总体结构。

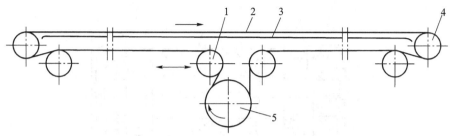

图5-11 某自动化装配生产线上的皮带输送系统总体结构

1—张紧轮；2—输送皮带；3—托板；4—辊轮；5—主动轮

由图5-11可知，该皮带输送线主要由输送皮带、托板、辊轮、主动轮、张紧轮组成，为了最大限度地简化结构，采用了6只相同结构的辊轮，其中张紧轮1的位置是可以左右调整的，用于对皮带的张紧力进行调整，所以称为张紧轮，其余5只辊轮则仅起到支承的作用，也就是通常所说的从动轮。主动轮5位于最下方，直接驱动皮带运动。

由于输送线用于输送单件的工件，要求工件在输送过程中沿直线方向运动而且要求具有一定的位置精度，所以在皮带的输送线下方设置了不锈钢托板，支承皮带及工件的重量，而下方的返回段则由于皮带长度不长而处于悬空状态。

（2）主动轮。

主动轮是直接接受电动机传递来的扭矩、驱动输送皮带的辊轮。它依靠与皮带内侧接触面间的摩擦力来驱动皮带，因为要传递负载扭矩，所以辊轮与传动轴之间通过键连接为一个整体，没有相对运动。图5-8所示实例中主动轮及其驱动机构的详细结构图，如图5-12所示。

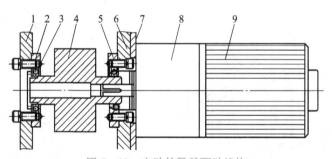

图5-12 主动轮及其驱动机构

1—左安装板；2—左轴承座；3—滚动轴承；4—主动轮；5—右轴承座；
6—右安装板；7—电动机安装板；8—减速器；9—电动机

主动轮一般通过链传动、齿轮传动、带传动方式来驱动，也可以将电动机减速器的输出轴与主动轮直接连接来驱动，图5-9就是采用这种直连的方式，结构紧凑，占用空间小。图5-13为某生产线皮带输送系统上另一种采用齿轮传动的主动轮结构实例。

（3）从动轮。

从动轮是指不直接传递动力的辊轮，仅起结构支撑及改变皮带方向的作用，与皮带一起随动，通常也称为换向轮。从动轮与主动轮的最大区别为从动轮的轴与轮之间是通过轴承连接，因而轴与轮之间是可以相对自由转动的，而主动轮的轴与轮是通过键连接成一体的，图5-8所示实例中从动轮的结构，如图5-14所示。

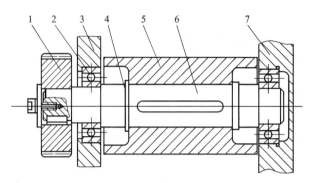

图 5 - 13   主动轮结构实例

1—齿轮；2—滚动轴承；3—左支架；4—弹簧挡圈；5—主动轮；6—传动轴；7—右支架

（4）张紧机构。

张紧轮是指辊轮中可以调节其位置的一个辊轮。为了简化结构设计及制造，通常张紧轮与从动轮的结构设计得完全一样，只是将各从动轮中的其中一个辊轮位置设计成可调整的，一般都通过调节张紧轮的位置来调节皮带的张紧程度，而其他从动轮的位置一般是固定的。图 5 - 8 所示实例中张紧轮的结构如图 5 - 15 所示。

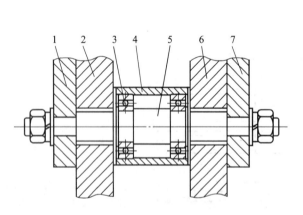

图 5 - 14   从动轮结构

1—左安装板；2—左支架；3—滚动轴承；4—从动轮；
5—轮轴；6—右支架；7—右安装板

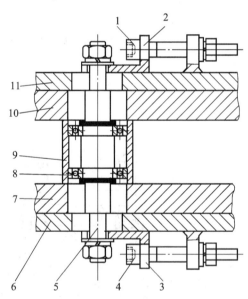

图 5 - 15   张紧轮结构

1—后调节螺钉；2—后调节支架；3—前调节支架；
4—前调节螺钉；5—轮轴；6—前安装板；7—前支架；
8—滚动轴承；9—张紧轮；10—后支架；11—后安装板

图 5 - 16 为某生产线皮带输送系统中的另一种张紧轮结构实例，调整螺钉直接与传动轴连接，通过调整螺钉直接调整张紧轮的位置。

在某些小型或微型的皮带输送机构上，全部辊轮就只有主动轮及从动轮两只辊轮，为了简化结构，直接将从动轮设计成可以调整的结构，这样从动轮既是从动轮又是张紧轮，图 5 - 8 所示实例就是这样的结构。

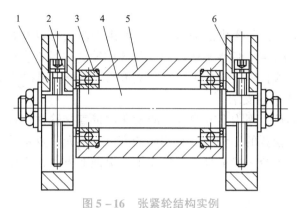

图 5 – 16　张紧轮结构实例

1—左支架；2—调整螺钉；3—滚动轴承；4—轴；5—张紧轮；6—右支架

3. 皮带输送线设计要点

在皮带输送线的设计中，读者主要需要掌握以下结构设计要点：

1）皮带速度

皮带输送线中皮带的速度一般为 1.5 ~ 6 m/min，可以根据生产线或机器生产节拍的需要通过速度调节装置进行灵活调节。

根据皮带运行速度的区别，实际工程中皮带输送线可以按以下 3 种方式运行：

﹡等速输送；

﹡间歇输送；

﹡变速输送。

等速输送就是输送皮带按固定的速度运行。通过调节与电动机配套使用的调速器将皮带速度调整到需要值，调速器由人工调节设定后，皮带就以稳定的速度运行。

间歇输送是指当需要输送工件时输送皮带运行，当输送皮带上暂时没有工件时皮带停止运行，其主要目的是根据生产节拍的需要减少空转时间，节省能源。

变速输送是指根据输送皮带上工件的数量来灵活调节输送皮带的运行速度，如在用皮带输送线输送工件的生产线上，当某一专机的待操作工件短缺时则加快输送皮带的速度；反之，当某一专机的待操作工件较多时则降低输送皮带的速度，其主要目的也是根据生产节拍的需要节省能源。它是通过对电动机的变频控制来实现的。

2）皮带材料与厚度

输送皮带常用橡胶带、强化 PVC、化学纤维等材料制造，在性能方面除要求具有优良的耐屈绕性能、低伸长率、高强度外，还要求具有耐油、耐热耐老化、耐臭氧、抗龟裂等优良性能，在电子制造行业还要求具有抗静电性能，工程上最广泛使用的材料是 PVC 皮带。

输送皮带是专业化制造的产品，需要根据使用负载的情况选用标准的厚度，最常用的皮带厚度为 1 ~ 6 mm。

对于不同材料的输送皮带，其工作温度各有区别，但通常的范围为 – 20 ~ 110 ℃。

3）皮带的连接与接头

一般情况下输送带的形状都是环形的，环形带是由切割下来的带料通过接头的形式连接而成的，连接的方式主要有机械连接、硫化连接两种，对于橡胶皮带及塑料皮带，工程上通常采用硫化连接接头，对于内部含有钢绳芯的皮带则通常采用机械式连接接头。

4）托辊（或托板）

输送带要实现的是一定距离内的物料输送，但由于输送带自身具有一定的质量，加上运送物料（或工件）的质量，使得输送段及返回段的输送皮带都会产生一定的下垂，因此必须在输送带的下方设置托辊（或托板）将输送带的下垂量控制在可以接受的范围内。

（1）输送段输送皮带的支承。

以水平输送情况为例，因为上方输送段的输送皮带直接输送工件或产品，在很多生产线上要求输送线上各个位置的工件都具有相同的高度，不允许皮带下垂，因此在这种要求对工件实现等高输送的场合一般都采用托板支承，保证上方的输送皮带及工件在一个水平面内运行。

（2）返回段输送皮带的支承。

下方返回段的输送皮带因为只起到循环作用，不承载工件，所以对下垂量通常无特殊要求，这一部分输送皮带一般直接采用结构简单的托辊支承，以减少皮带因摩擦产生的磨损，采用托辊也会简化结构，降低制造成本。

在某些对皮带的下垂量无特殊要求的场合，有时也将输送段及返回段的输送皮带都采用托辊支承，而且由于在下方的返回段皮带仅包括皮带的自重，因此，下方皮带支承托辊的间距可以比上方托辊的间距更大。

根据所输送物料类型的区别，在散料的输送线上托辊也可以采用分段倾斜安装，使皮带呈两侧高、中部偏低的形状，保证散料集中在皮带的中部而不会向外散落。

5）辊轮

辊轮是皮带输送系统中的重要结构部件之一，前面已经介绍，在典型的皮带输送系统中通常包括主动轮、从动轮、张紧轮。在小型的皮带输送装置中，为了简化结构、节省空间，经常将从动轮与张紧轮合二为一，直接采用两个辊轮即可。

6）包角与摩擦系数

由于皮带传动在原理上属于摩擦传动，电动机是通过主动轮与皮带内侧之间的摩擦力来驱动皮带及皮带上的负载的，因此主动轮与皮带内侧之间的摩擦力是非常重要的因素，直接决定了整个输送系统的输送能力。

显然，主动轮与皮带内侧之间的摩擦力取决于以下因素：

﹡皮带的拉力；

﹡主动轮与皮带之间的包角；

﹡主动轮与皮带内侧表面之间的相对摩擦系数。

（1）包角。

皮带工作时，主动轮表面与皮带内侧的接触段实际上为一段圆弧面，该段圆弧面在主动轮端面上的投影为一段圆弧，该圆弧所在区域对应的圆心角即为主动轮与皮带之间的包角，如图 5-17 所示，一般用 α 表示。从后面的分析可以知道，包角直接决定了主动轮与输送皮带之间的接触面积，对整个输送系统的输送能力至关重要，通常要尽可能增大皮带的包角。

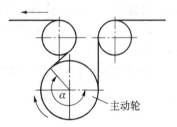

图 5-17 皮带包角示意图

（2）摩擦系数。

摩擦系数指主动轮外表面与输送皮带内侧表面之间的摩擦系数，它决定了在一定的接触压力下单位接触面积上能产生的摩擦力大小，一般用 μ_0 表示。

该摩擦系数越大，在一定的包角 α、一定的皮带张力下所产生的摩擦力也越大，该摩擦力也就是传递扭矩，驱动皮带及其上工件的有效牵引力，从后面的分析可以知道，工程上希望该摩擦系数尽可能大。

7）合理的张紧轮位置及张紧调节方向

张紧轮不仅可以调节输送皮带的张紧力，还可以同时达到增大皮带包角的目的，在皮带输送系统的设计中，如果皮带的包角太小而且又是不能改变的，则这种设计就是一个有缺陷的设计，可能会出现后面要介绍的皮带打滑现象。

（1）张紧轮调节方向与皮带包角的关系。

良好的设计方案应该是皮带具有足够大的包角，而且张紧轮在加大皮带张紧力的同时还应能增大皮带的包角，因此张紧轮的调整方向在设计时具有一定的技巧。

（2）张紧轮调节方向对皮带长度的影响。

张紧轮的位置设计不仅与皮带包角的调整有关，而且还与皮带的长度有关，并直接影响皮带的订购及装配调试。

在安装皮带时通常是通过张紧轮的位置变化来调整皮带的松紧程度的，而张紧轮位置的调整具有一定的范围，在张紧轮的两个极限位置之间，所需要的皮带理论长度是不同的，上述两个极限位置对应的皮带理论长度分别为最大长度与最小长度。

假设张紧轮在上述两个极限位置之间调整时，皮带的理论长度差别很小，那么有可能造成以下问题：由于皮带长度在订购时存在一定的允许制造误差，调整张紧轮时可能出现理论上皮带应该最紧的位置皮带却仍然无法张紧，而在理论上皮带应该最松的位置皮带却不够长导致皮带无法装入，这种情况是不允许出现的。图 5-18 表示了两种张紧轮的设计方案实例及其效果对比。

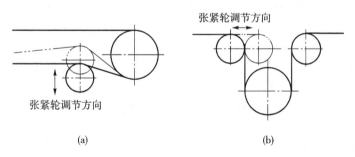

图 5-18　张紧轮调节方向对比实例

在图 5-18（a）所示结构中，张紧轮位置的调节方向为垂直于皮带输送方向，在调整张紧轮的过程中，张紧皮带时所对应的皮带理论长度变化实际上较小，如果皮带理论长度变化量过小或接近皮带长度的制造公差值，尤其是当皮带长度较大时，就有可能出现调整时皮带长度偏短或偏长，导致皮带无法正常调节的情况。

如果将张紧轮设计成如图 5-18（b）所示的结构则非常有利，张紧轮的调整方向与皮带输送方向平行，张紧轮在不同的位置张紧皮带时所对应的皮带理论长度变化较大，这样就不会出现前面所讲述的调整困难的情况，而且在调整张紧轮使皮带变紧的过程中，皮带的包角也在明显加大，因而有利于提高皮带与主动轮之间的摩擦力。

工程上通常将张紧轮调节方向尽可能设计为对皮带长度影响最大的方向，即在张紧轮的两个极限位置之间所需要的皮带理论长度差别最大，这一方向实际就是图5-18（b）所示的与皮带输送方向平行的方向。

（3）张紧轮的位置。

张紧轮通常设计在皮带的松边一侧，这样可以避免不必要地增大皮带的负荷与应力，确保皮带的工作寿命，这与同步带传动及链传动设计中张紧轮的位置是类似的，既可以在皮带的内侧进行张紧，如图5-15、图5-16所示，也可以在皮带的外侧张紧，如图5-17所示。

8）皮带长度设计计算

设计皮带输送系统时一项很重要的工作就是按一定的规格向皮带的专业制造商订购皮带。皮带的订购参数包括：

﹡材料种类；

﹡皮带的长度；

﹡宽度；

﹡颜色。

其中，皮带的宽度根据所需要输送工件的宽度尺寸来设计；皮带的材料种类主要根据输送物料的类型、使用环境温度来选取；颜色则根据需要的外观效果来选取。

皮带的长度需要根据实际结构中各辊轮的位置、直径进行仔细的数学计算与校核。由于皮带的连接需要采用专门的设备和工艺，如果计算的长度有错误或因其他原因更改设计长度，虽然可以重新加工连接改变皮带的长度，但一般只将皮带长度改短而不加长。

改短可以避免材料浪费，加长则增加了连接接头，这种重新加工一般要将皮带退回给供应商返工，实际经验表明这样重新返工的费用几乎与重新订购新皮带的费用相近，所以皮带的长度一定要仔细计算核准，以免使用安装时发现错误而无法使用。

在设计皮带输送系统时如何计算皮带长度呢？以下为设计皮带长度时所需要了解的基本知识：

（1）设计和订购皮带时，要保证尺寸的统一。在工程上，皮带长度一般都是指皮带中径（皮带厚度中央）所在的周长，而不是皮带内径或外径所在的周长，单位一般为毫米。

（2）由于皮带张紧时的实际变形量很小，所以设计皮带长度时一般不考虑皮带张紧变形对长度的影响。

（3）皮带长度的计算：

当各辊轮的位置（中心距）、辊轮直径、张紧轮调节范围确定后，所需要的皮带长度实际上也就由上述各几何尺寸确定了。当张紧轮的位置确定后，只要分别将各段轮廓线（直线段和圆弧）的长度累加即可得出该位置所需要的皮带理论长度，这些长度可以在CAD设计界面上非常方便地直接量取求得，而不需要进行专门的数学计算。

这种计算方法没有考虑皮带的厚度，因为皮带的厚度通常很小，对皮带长度的影响较小，而且皮带本身有一定的长度调整范围，所以计算皮带长度时通常不考虑其厚度，也就是假设其厚度为零。

（4）皮带长度的确定。

显然，当张紧轮处于不同位置时所需要的皮带理论长度是不同的，张紧轮处于皮带最松位置时所需要的皮带理论长度最短，张紧轮处于皮带最紧位置时所需要的皮带理论长度最长。在张紧轮的两个极限调节位置，只要分别根据各段轮廓线（直线段和圆弧）的长度累加即可得出所需要的皮带最小及最大理论长度。

工程上设计皮带长度时通常按接近最小长度来设计，保证皮带安装后能进行张紧调节，如果按最长的长度设计则安装后就无法张紧了。

设张紧轮处于皮带最紧和最松张紧位置时，所需要的皮带最小理论长度、最大理论长度分别为 L_1、L_2，则理论上皮带长度的最大允许调节量 Δ 为

$$\Delta = L_2 - L_1 \tag{5-1}$$

为了保证皮带仍然具有一定的调节范围，皮带长度 L 一般按式（5-2）来设计：

$$L = L_1 + 0.2(L_2 - L_1) \tag{5-2}$$

9）皮带宽度与厚度

皮带宽度根据实际需要输送的工件宽度尺寸来设计，对于小型皮带输送线通常情况下皮带宽度必须比工件宽度加大 10～15 mm。

皮带的厚度则根据皮带上同时输送工件的总质量来进行强度计算校核，并且所选定的皮带材料及厚度能够在所设计的最小辊轮条件下满足最小弯曲半径的需要，然后从制造商已有的厚度规格中选取确定。例如，对于电子制造行业中小型电子、电器产品的输送，皮带厚度一般选择为 1.0～2.0 mm。

10）皮带输送线上工件的导向与定位

在一般用途的皮带输送线上，一般不需要对工件进行专门的导向及定位，如手工装配流水线上。但用于自动化装配检测生产线的皮带输送线以及许多自动化专机的皮带输送装置，则通常需要在皮带两侧设置导向板或导向杆，以保证工件在输送时沿宽度方向始终保持准确的位置，导向板或导向杆既要保证工件在输送时能够自由运动，又要保证工件沿宽度方向具有一定的位置精度。

通常选取导向板或导向杆之间的空间宽度比工件宽度加大 3～5 mm，也就是工件与导向板之间的单边间隙取为 1.5～2.5 mm。

因为皮带运行时的位置不可避免地存在一定的变动，为了避免皮带运行时的非正常磨损及卡住，皮带的上方及两侧与其他结构之间应保持一定的间隙。

11）皮带输送线的省空间设计

在各种自动机械中，皮带输送线需要与其他各种设备或机构配合使用，很多情况下需要皮带输送线结构简单、尺寸小、占用空间少、安装调整简单。为了满足上述需要，许多电动机制造厂家先后开发出多种在结构上使用更方便的新型电动机，此类电动机具有以下一系列特点：

（1）电动机与减速器一体化安装。

（2）减速器附带中空轴或实心轴，可以非常方便地使减速器与辊轮直接连接安装，省略了齿轮、同步带或链条、链轮等传动装置。由于省略了传动装置，因而节省了宝贵的空间，可以让出更多的空间布置其他重要机构。

（3）电动机安装非常灵活，甚至可以将电动机安装在皮带输送线的内部，将皮带输送

系统占用的空间减到最小。

图 5 – 19 所示为节省空间的电动机安装结构实例。图 5 – 19（a）将电动机安装在输送皮带内部，图 5 – 19（b）将电动机安装在输送皮带外部。

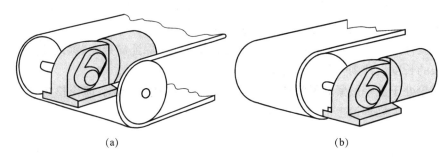

(a)　　　　　　　　　　　　　　　(b)

图 5 – 19　节省空间的电动机安装结构实例

4. 皮带输送线负载能力分析

1）皮带输送线负载能力分析

为了更深入地了解皮带输送系统的结构，需要对皮带输送系统的负载能力进行定量分析，从而掌握如何进行电动机的设计选型，以及在设计皮带输送系统时需要注意哪些要点。

为了方便分析，首先对有关物理量的符号与单位定义如下：

L——皮带有效输送长度，m；

W——皮带单位长度的质量，kg/m；

μ——皮带与工件间的摩擦系数；

μ_0——主动轮与皮带间的摩擦系数；

D——主动轮直径，mm；

T_0——主动轮输出侧皮带张紧力，与皮带初始张力有关，N；

v——皮带速度，m/s；

Q——输送量，即单位时间输送工件或物料的质量，kg/h；

m_1——皮带上负载的平均质量，kg；

g——重力加速度（9.708），m/s^2；

e——自然对数底数（2.718）；

α——主动轮与皮带之间的包角，rad；

η——皮带输送系统效率；

P_g——负载总功率，W；

P_{max}——主动轮与皮带接触面能提供的最大负载功率，W；

P_1——空转功率，W；

P_2——水平负载功率，W；

P_3——竖直负载功率，W；

F——皮带牵引力，N；

F_{max}——皮带最大牵引力，N；

T_L——负载扭矩，N·m。

（1）皮带牵引力。

因为工件是靠皮带提供的摩擦力来驱动的，所以皮带牵引力实际上就等于全部工件在皮带上的摩擦力：

$$F = \mu m_1 g \tag{5-3}$$

（2）负载扭矩。

主动轮要驱动皮带及皮带上的工件，必须克服上述负载所产生的扭矩，负载扭矩的大小为

$$T_L = \frac{FD}{2\eta} \tag{5-4}$$

（3）空转功率。

空转功率是指皮带上没有工件时需要消耗的功率，这种情况下只需要考虑皮带本身质量产生的负载。根据功率的定义可以得出：

$$P_1 = 9.8\mu WvL \tag{5-5}$$

对于皮带长度较短或小型的皮带输送装置，空转功率通常可以忽略不计。

（4）水平负载功率。

大多数情况下皮带输送系统都是在水平方向进行工件或物料的输送，在这种情况下，水平负载功率为输送物料产生的负载功率：

$$P_2 = Fv = \mu m_1 gv \tag{5-6}$$

如果皮带上负载的平均质量用输送量 Q 来表示，则式（5-6）也可以用另一种方式表示为

$$P_2 = \frac{\mu QgL}{3\,600} = \frac{\mu QL}{367} \tag{5-7}$$

（5）竖直负载功率。

如果皮带输送系统是在倾斜方向进行工件或物料的输送，在这种情况下负载功率还包括竖直方向上的负载功率：

$$P_3 = \frac{QH}{367} \tag{5-8}$$

式中：H 为输送皮带两端的高程差。

（6）负载总功率。

负载总功率就是空转功率、水平负载功率及竖直负载功率之和，是进行电动机选型的重要依据之一，考虑到系统的效率 η 一般总低于 100%，因此系统实际的负载总功率为

$$P_g = \frac{P_1 + P_2 + P_3}{\eta} \tag{5-9}$$

（7）皮带最大牵引力。

皮带在主动轮输入侧、输出侧的张力之差就是皮带在该状态下产生的最大牵引力，根据欧拉公式，该张力差与输出侧皮带张紧力 T_0、包角 α、主动轮与皮带内侧之间的摩擦系数 μ_0 之间存在以下关系：

$$F_{max} = T_0(e^{\mu_0\alpha} - 1) \tag{5-10}$$

根据式（5-6）皮带输送系统能够传递的最大负载功率 P_{max} 也可以表达为以下形式：

$$P_{max} = Fv = T_0(e^{\mu_0\alpha} - 1)v \qquad (5-11)$$

2）提高皮带输送线负载能力的方法

通过对式（5-10）进行分析，可以得到以下对设计具有指导意义的结论：

（1）影响皮带输送系统主动轮的负载能力的主要因素。

在输送带宽度及输送带速度一定的条件下，皮带输送系统主动轮的负载能力主要由以下因素决定：

①主动轮输出侧皮带张紧力 T_0。

②主动轮与皮带间的摩擦系数 μ_0。

③皮带与主动轮之间的包角 α。

（2）提高皮带输送线负载能力的有效途径。

①增大主动轮输出侧皮带张紧力 T_0。增大主动轮输出侧皮带张紧力可以提高皮带输送系统的功率传递能力，但增大皮带张力后皮带的工作应力相应提高，皮带的强度也必须提高，皮带制造成本必然增加，因此这并不是最好的方法，工程上一般不采用此方法。

②增大主动轮与皮带间的摩擦系数 μ_0。由于皮带在主动轮处产生的最大牵引力与上述摩擦系数 μ_0 之间为指数递增的关系，因此增大主动轮与皮带间的摩擦系数可以非常有效地提高系统的负载能力，这是工程上最优先选用的方法。

③增大皮带与主动轮之间的包角 α。皮带在主动轮处产生的最大牵引力与包角 α 之间也为指数递增的关系，因此增大皮带与主动轮之间的包角可以非常有效地提高系统的负载能力，这也是工程上优先选用的方法。通过采用张紧轮并对张紧轮设计合适的张紧位置及调节方向，可以有效地增大皮带包角，从而有效地增加主动轮与皮带之间的驱动摩擦力，增大包角也就是增大皮带与主动轮之间的接触面积。通常在设计时主动轮与皮带之间的包角应不低于120°，进行张紧轮调节后可以增大到210°~230°。

④增加皮带宽度。增加皮带宽度实际上等于增大了皮带与主动轮之间的接触面积，因而可以增加主动轮与皮带间的驱动摩擦力，但增加皮带宽度既提高了成本，又不必要地占用了更多的空间，因此一般不采用此方法。

综上所述，提高皮带输送系统负载能力最有效的方法为：

＊皮带与主动轮之间应设计足够大的包角；

＊尽可能提高主动轮与皮带内侧表面之间的摩擦系数。

因此，在设计皮带输送系统时应特别注意保证皮带与主动轮之间的包角，同时还应尽可能提高主动轮与皮带内侧表面间的摩擦系数，通常可以采取以下措施来提高主动轮与皮带表面间的摩擦系数：

＊将主动轮的表面设计加工成网纹表面，同时进行加硬处理；

＊改变主动轮与皮带间的材料配对。例如将主动轮的外表面镶嵌一层橡胶也是很常用的处理措施。

3）辊轮设计原则

根据上述分析，可以总结出以下关于皮带输送系统中辊轮的一般设计指导原则：

（1）在主动轮的设计中应尽可能增大主动轮与皮带之间的包角，同时提高主动轮与皮带之间的摩擦系数。例如将主动轮表面进行网纹及加硬处理、在主动轮表面镶嵌一层橡胶等。

（2）将从动轮、张紧轮尽可能都设计加工成相同或相似的结构，以简化设计及制造过程。

（3）设计辊轮直径时，在综合考虑皮带速度及允许结构空间的前提下，不要不必要地增大辊轮直径。

因为根据力学原理，负载扭矩等于皮带牵引力与主动轮半径的乘积，主动轮直径越大，负载扭矩也越大，因此，增大主动轮直径也就不必要地增大了负载扭矩。

另外，辊轮直径越大，辊轮的转动惯量也越大，系统在启动加速时的启动扭矩也相应增大。为了降低启动时的负载扭矩，应控制各个辊轮的直径，通常在设计时将各辊轮的直径都设计得比较小就是基于这种原因，由于每种材料及厚度的皮带都存在一个最小弯曲半径，所以辊轮的直径也不能过小，否则会增大皮带运行时的弯曲应力，缩短皮带的工作寿命。

5. 皮带输送线电动机选型计算实例

负载的计算及电动机的选型是皮带输送系统设计中的重要内容，也是许多自动机械设计中必不可少的环节。在皮带输送系统中，通常采用普通的交流感应电动机，为了使读者掌握此类电动机的选型方法，下面通过一个实例进行说明。

例 5-2　某皮带输送系统如图 5-10 所示，电动机经过减速器后与主动轮直接连接。假设在输送系统为水平状态下输送，试以日本东方电机公司（ORIENTAL）的交流感应电动机样本为例，进行电动机的参数计算与选型。已知设计条件分别为：

皮带及皮带上工件的总质量：$m_1 = 20$ kg；

工件与皮带间的摩擦系数：$\mu = 0.3$；

主动轮及被动轮直径：$D = 100$ mm；

主动轮及从动轮总质量：$m_2 = 1$ kg；

皮带输送系统效率：$\eta = 90\%$；

要求皮带速度：$v = 0.14$ m/s（$\pm 10\%$）；

电动机电源：单相 220 V，50 Hz；

工作时间：每天工作 8 h。

1）计算减速器要求的输出转速 n_1

如图 5-10 所示，由于主动轮与减速器直接连接，所以减速器的输出转速就是皮带主动轮的转速：

$$n_1 = \frac{v \times 60}{\pi D} = \frac{(0.14 \pm 0.014) \times 60}{\pi \times 0.1} = 26.7 \pm 2.7 (\text{r/min})$$

2）计算并选择减速器所需要的减速比 i

东方电机公司单相感应电动机在 220 V、50 Hz 频率下的额定转速为 1 250 ~ 1 350 r/min，所以减速器所需要的减速比 i 为

$$i = \frac{1\,250 \sim 1\,350}{26.7 \pm 2.7} = 42.5 \sim 56.2$$

对照东方电机公司单相感应电动机产品样本，选择与上述计算值最接近的标准减速比为 50、型号规格为 5GN50K 的减速器，并查得该规格减速器对应的传动效率 η_g 为 66%。

3）计算皮带实际牵引力 F

根据式（5-3）得皮带实际牵引力为

$$F = \mu m_1 g = 0.3 \times 20 \times 9.8 = 58.8 \quad (\text{N})$$

4）计算负载扭矩 T_L

根据式（5-4）得主动轮上的负载扭矩为

$$T_L = \frac{FD}{2\eta} = 58.8 \times \frac{100 \times 10^{-3}}{2 \times 0.9} = 3.27 \quad (\text{N} \cdot \text{m})$$

由于皮带主动轮与减速器直接连接，所以主动轮上的负载扭矩 T_L 等于减速器的输出扭矩 T_g，即 $T_g = T_L = 3.27 \, \text{N} \cdot \text{m}$。

5）计算电动机所需要的最低输出扭矩 T_m

减速器的作用是提高输出扭矩、降低转速，根据减速器的输出扭矩 T_g 及减速器的传动效率 η_g，可以反向推算出电动机所需要的最低输出扭矩 T_m：

$$T_m = \frac{T_g}{i\eta_g} = \frac{3.27}{50 \times 0.66} = 0.099\,1 \quad (\text{N} \cdot \text{m})$$

考虑安全余量及电压的波动等情况，通常按 2 倍最小计算值选取电动机的最小启动扭矩：

$$0.099\,1 \times 2 = 0.198 \quad (\text{N} \cdot \text{m})$$

6）选择电动机型号

根据计算得出的电动机最低输出扭矩，设计人员可以根据电动机制造商提供的样本资料选取合适的电动机型号，查阅日本东方电机公司的样本，选取一种启动扭矩大于 0.198 N·m 的电动机型号，最后选取型号为 51K40N–CWE 的单相感应电动机，该电动机在 50 Hz、额定电压 220 V 电源下的额定输出功率为 40 W，启动扭矩为 0.2 N·m，额定扭矩为 0.3 N·m，额定转速为 1 300 r/min，因为启动扭矩 0.2 N·m 大于考虑安全余量后的计算值 0.198 N·m，所以能够满足使用负载要求。

前面已经根据减速器传动比选取减速器型号为 5GN50K，进一步确认减速器及电动机的安装配合尺寸、外形尺寸，以便配套设计其他机构。

7）负载转动惯量校核

选择好电动机及减速器型号后，还需要对负载的转动惯量进行校核。

皮带与工件的转动惯量为

$$J_{m1} = m_1 \left(\frac{D}{2}\right)^2 = 20 \left(\frac{100 \times 10^{-3}}{2}\right)^2 = 500 \times 10^{-4} \quad (\text{kg} \cdot \text{m}^2)$$

主动轮及从动轮的转动惯量为

$$J_{m2} = \frac{1}{8} m_2 D^2 = \frac{1 \times (100 \times 10^{-3})^2}{8} = 12.5 \times 10^{-4} \quad (\text{kg} \cdot \text{m}^2)$$

减速器输出轴的负载总转动惯量为

$$J = J_{m1} + 2J_{m2} = 500 \times 10^{-4} + 2 \times 12.5 \times 10^{-4} = 525 \times 10^{-4} \quad (\text{kg} \cdot \text{m}^2)$$

减速器允许的负载转动惯量：

根据东方公司样本资料，所选型号 5GN50K 的减速器允许的负载转动惯量为

$$J_g = 0.75 \times 10^{-4} \times 50^2 = 1\,875 \times 10^{-4} \quad (\text{kg} \cdot \text{m}^2)$$

结论：所选减速器允许的负载转动惯量 J_g（1 875 $\times 10^{-4}$ kg·m²）大于实际负载的总转动惯量 J（525 $\times 10^{-4}$ kg·m²），所以选型结果能满足使用要求。

8）校核实际的皮带速度 v

由于实际所选电动机的额定扭矩为 $0.3\ \mathrm{N\cdot m}$，较实际负载扭矩大，因此电动机能够以比额定转速更快的转速运转。

因为皮带速度是电动机在空载条件下计算的，电动机在空载情况下的转速约为 $1\ 430\ \mathrm{r/min}$，所以皮带的实际运行速度可以按以下方法逐步推出：

减速器的实际输出转速为

$$n_1 = \frac{n_0}{i} = \frac{1\ 430}{50} = 28.6\ （\mathrm{r/min}）$$

皮带实际运行速度为

$$v = \frac{n_1 \pi D}{60} = \frac{28.6 \times \pi \times 100 \times 10^{-3}}{60} = 0.15\ （\mathrm{m/s}）$$

结论：上述计算结果 $0.15\ \mathrm{m/s}$ 满足 $0.14\ \mathrm{m/s} \pm 10\%$ 的设计速度要求。

6. 皮带输送线的调整与使用维护

1）皮带打滑与跑偏现象及其调整

（1）皮带打滑现象与纠正。

通过皮带输送线负载能力的分析可知，皮带的有效牵引力与皮带的初始张紧力成正比，与主动轮和皮带之间的摩擦系数、包角成指数增大的关系，如果皮带与主动轮之间的摩擦力不足以牵引皮带及皮带上的负载，则会出现虽然主动轮仍然在回转，但皮带却不能前进或不能与主动轮同步运行的现象，这种现象就是通常所说的皮带打滑现象。

当出现打滑现象时，可能的原因为：

①皮带的初始张紧力不够。

如果皮带没有足够的初始张紧力，主动轮与皮带之间就不会产生足够的摩擦驱动力，也就不能牵引皮带及负载运动。

当确认皮带的初始张紧力不够时，需要通过张紧轮的调整逐步加大皮带的初始张紧力，但张紧力也不能过大，因为这样会提高皮带的工作应力，缩短皮带的工作寿命，同时输送系统在工作时还会产生更大的振动与噪声，因此皮带的初始张紧力必须边调整边观察，逐步调整至合适的水平。

在装配皮带输送线时，首先让皮带呈松弛状态装入，开动电动机，然后逐渐调紧张紧轮，使皮带的初始张紧力慢慢增大，调节张紧轮位置至主动轮能够可靠牵引皮带及皮带上的最大负载正常运行为止。

②主动轮与皮带之间的包角太小。

如果通过检查确认皮带的初始张紧力为正常水平但仍然不能消除皮带打滑现象，最可能的原因之一就是主动轮与皮带之间的包角太小。

进一步检查主动轮与皮带之间的包角是否太小，通常主动轮与皮角之间的包角应不低于 $120°$，如果主动轮与皮带之间的包角偏低而且调整张紧轮的位置仍然无法有效地增大，可能需要修改设计。由此可见，在设计时应该仔细考虑这些因素，确保设计质量，如果在装配调试时才发现问题，再去修改设计就很被动了。

③主动轮与皮带之间的摩擦系数太小。

如果通过检查确认皮带的初始张紧力、主动轮与皮带之间的包角都达到正常水平，但还不能消除皮带的打滑现象，最可能的原因就是主动轮与皮带之间的摩擦系数太小。

解决的办法为：仔细观察主动轮表面是否过于光滑，否则就采用滚花结构或镶嵌一层橡胶后再试验。

（2）皮带跑偏现象与纠正。

皮带跑偏是皮带输送线在运行时最常见的故障，也就是说皮带在运动时持续向一侧发生偏移直至皮带与机架发生摩擦、磨损甚至卡住。皮带跑偏轻则造成皮带磨损、输送散料时出现撒料现象，重则由于皮带与机架剧烈摩擦引起皮带软化、烧焦甚至引起火灾，造成整条生产线停产。

根据基本的力学原理可知，当皮带输送系统中各辊轮的轴线与皮带纵向不垂直，或各辊轮的轴线之间不平行时，皮带的张力在皮带宽度方向上必然不均匀，造成一侧张力大而另一侧张力小，在运行过程中皮带自然会由张力大的一侧逐渐向张力小的一侧偏移，导致皮带跑偏现象。

导致皮带跑偏现象的原因很多，只有仔细观察、积累经验，才能找到解决皮带跑偏现象的有效方法，最常见的原因及纠正措施如下：

①因为安装误差引起的皮带跑偏。

皮带输送线安装质量的好坏对皮带跑偏的影响最大，由安装误差引起的皮带跑偏现象最难处理，安装误差主要有以下两点：

（a）输送皮带接头不平直。如果皮带在切割及接头制作过程中接头出现不平直，将会造成皮带两边张力不均匀，皮带始终从张紧力大的一侧向张紧力小的一侧跑偏，针对这种情况，可以通过调整主动轮或从动轮两侧的位置以平衡皮带的张紧力来消除，调整无效时必须重接皮带接头。

（b）机架歪斜。机架歪斜包括机架中心线歪斜和机架两边高低倾斜，这两种情况都会造成严重跑偏，并且很难调整。例如，某企业在对一台非专业安装人员安装的皮带输送线试机时，皮带跑偏严重，通过测量发现机架中心线歪斜，头尾调正后，中间部位的跑偏仍无法纠正，最后对机架重新进行安装才解决问题，可见机架歪斜的影响之大。为了保证安装质量，要求在安装时对机架相关位置尺寸进行仔细的测量与调整，包括用水平尺仔细测量调整机架的水平度。

②皮带输送线运行中引起的皮带跑偏。

（a）辊轮、托辊粘料引起的跑偏。用于散料输送的皮带输送线在运行一段时间后，由于某些散料具有一定的黏性，部分散料会黏附在辊轮和托辊上，使得辊轮或托辊局部直径变大，引起皮带两侧张紧力不均匀造成皮带跑偏。出现这种情况应该及时清除辊轮和托辊上的散料。

（b）皮带松弛引起的跑偏。调整好的皮带在运行一段时间后，由于皮带拉伸产生永久变形或老化，会使皮带的张紧力下降，造成皮带松弛，引起皮带跑偏。所以在日常检查维护中要注意检查皮带的张紧力情况，发现皮带松弛要及时进行调整。

（c）散料分布不均匀引起的跑偏。如果皮带空转时不跑偏，重负荷运转时跑偏，说明散料在皮带两边分布不均匀，散料分布不均主要是皮带接料处散料下落方向和位置不正确引起的，如果散料偏到左侧，则皮带向右跑偏，反之亦然。遇到这种情况只要调整散料的下落方向和位置，使其在皮带上分布均匀即可。

③皮带输送线皮带跑偏现象的纠正。

皮带输送线在安装时首先要确保皮带接头平直，确保机架安装质量，减小或消除安装误差，对机架歪斜严重的必须重新安装。

在试运行或正常运行中的跑偏，通常的调整方法主要有如下几种：

（a）调整托辊。对于采用托辊支承的皮带输送线，如果皮带在整个输送线的中部跑偏时，可以采取调整托辊的位置来调整跑偏，托辊支架两侧的安装孔加工成长孔，就是方便进行调整的。调整方法是皮带偏向哪一侧，就将托辊的哪一侧朝皮带前进方向前移，或将托辊的另一侧后移。

（b）调整辊轮位置。主动轮与从动轮的调整是皮带跑偏调整的重要环节。因为一条皮带输送线至少有 2~5 支辊轮，理论上所有辊轮所在位置的轴线必须垂直于皮带输送线长度方向的中心线，而且还要相互平行，若辊轮轴线偏斜过大必然发生跑偏。

由于主动轮的位置通常调整的范围很小或无法调整，所以通常调整从动轮的位置来纠正皮带的跑偏。调整的方法如图 5 – 20 所示，皮带向哪一侧偏移就将从动轮的该侧向皮带前进方向调整，或将另一侧向反方向放松，通常需要经过反复调整，每次调整后使皮带运行约 5 min，边观察边调整，直到皮带调到较理想的运行状态，不再跑偏为止。

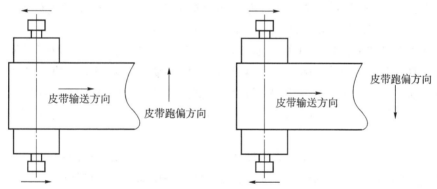

图 5 – 20　皮带跑偏调整方法示意图

除从动轮可以调整皮带的跑偏外，对张紧轮的位置进行调整也可以实现同样的效果，调整方法与图 5 – 20 所示方法完全相同。

对于可以调整位置的各辊轮，在轮轴安装处通常都要设计专门的腰形槽孔，同时用专门的调整螺钉通过调整辊轮传动轴来调整辊轮的位置。

（c）其他措施。除上述调整措施外，为了防止出现皮带跑偏，还可以同时将所有辊轮设计成两端直径比中部直径小 1% 左右，可以对皮带施加部分约束，确保皮带正常运行。

总之，对于皮带输送线的跑偏现象，只要加强日常巡检，及时清除引起皮带跑偏的各种因素，掌握皮带跑偏的规律，就能找出相应的解决办法。

2）皮带输送线的日常检查与维护

在皮带输送系统的安装和使用过程中，需要注意皮带的安装、皮带的张紧调节、皮带的跑偏调节、皮带的更换、传动润滑、安全等环节，以下是对相关实践经验的归纳总结：

（1）皮带使用前要用水平尺将皮带调整到水平状态，若输送线由多段组成，除要求各段输送线等高外，还需要通过校准细线将各段调整连接到一条水平直线上。

（2）张紧皮带时应先通电使系统运转起来，然后再逐渐调整张紧轮，使皮带张紧力调整到合适状态。

（3）电动机传动齿轮（或同步带、链条）处应设计保护罩，防止意外事故发生。

（4）若发生意外事故，首先应立即切断电源，再进行检查并采取相应措施。

（5）传动齿轮及各运动部位应每半年加一次润滑脂。皮带传动轴处如果有异常响声，则表明可能缺少润滑，需要加入润滑脂或润滑油。

（6）在每天的工作及检查中，应注意观察皮带的使用情况，检查是否有异常磨损现象或异常声音发生。若有异常现象发生，应立即查明原因并加以解决，以免加速降低皮带的使用寿命。

任务2　滚筒输送线结构原理及设计应用

滚筒输送线已在许许多多的行业得到应用，主要用于箱式原件的自动化输送，在滚筒输送线的机架上面可以增加阻挡及移栽机构来改变物品的输送方向，实现间歇式给料。滚筒输送线广泛应用于食品、饮料、化工、造纸、印刷、汽车配件等行业。随着国家工业水平的飞速发展，滚筒输送线与机器人配套使用也愈加广泛，可用于工件进行分拣、装箱等工作，大大提高生产效率和安全性，如火腿肠、炸药等的生产。

辊筒材质由最初的碳钢镀锌材质演变成不锈钢、尼龙、塑料、橡胶等材质。有些工况还采用了具有防水、防爆的特制电动辊筒作为传动动力，使得输送机的体积进一步缩小，使用寿命更长，动力输出更加平稳；滚筒输送机有无动力自由转动和有动力之分，传动方式一般采用链条，在输送重量较轻的场合还可以采用O形传送带以及片基带来实现单元输送。

由于自制成本偏高，生产加工及装配要求较高，滚筒输送线通常向专业制造商配套订购。下面主要介绍滚筒输送线的产品特点、选型注意事项及关键部件的结构特点。

1. 滚筒输送线的产品特点及应用范围

滚筒输送线主要由辊子、机架、支架、驱动部分等组成，依靠转动着的辊子和物品间的摩擦使物品向前移动，如图5-21所示。按其驱动形式可分为无动力滚筒输送线、动力滚筒输送线。线体形式有：直线形、弯道式、斜坡式、立体式、伸缩式及叉道形式等。在动力滚筒输送机中，驱动辊子的方法目前一般不再采用单独驱动的方式，而多采用成组驱动，常用电动机与减速器组合，再通过链传动、带传动来驱动辊子旋转。

图5-21　滚筒输送线

1）产品特点

（1）结构紧凑，操作简便，维护方便。

（2）滚筒输送线之间易于衔接过渡，可用多条滚筒线及其他输送设备或专机组成复杂的物流输送系统。

（3）输送量大，速度快，运转轻快，能够实现多品种共线分流输送。

2）应用范围

此种输送设备被广泛应用于物件的检测、分流、包装等系统。适用于各类箱、包、托盘等件货的输送，散料、小件物品或不规则的物品需放在托盘上或周转箱内输送。

2. 滚筒输送线选型注意事项

决定滚筒输送线的类型有很多方面，比如输送物的状态、重量、输送速度、工作环境等。所以用户在选择辊筒输送机时需要有针对性。

（1）滚筒输送线的辊筒材质根据实际需要选用碳钢镀锌、镀铬、镀镍、铸胶（包胶）或不锈钢、钢制塑钢等不同材质；

（2）碳钢机身表面处理可根据实际要求选择喷涂、喷塑、烤漆等，不锈钢机身可选择镜面抛光、亚光、喷沙、拉丝等处理；

（3）有速度调节要求的用户可选择变频调速或采用无级变速的减速电动机。

滚筒输送线选型参考：

（1）应首要根据载重量确定选用不同材质和型号的滚筒输送线；

（2）食品行业应优先选择全不锈钢机身和不锈钢滚筒输送线；

（3）滚筒输送线的辊筒顶面高度略低于机身侧面高度，有特殊要求的可考虑机身侧面高度高于辊筒顶面高度或高度相同，根据需要可设置侧面挡板、挡边、护栏；

（4）在询价和选型时，请尽量提供详细的信息，包括物料名称、料性、包装尺寸、机器材质、大致尺寸、速度和输送量等要求。

3. 滚筒输送线辊筒的选型与设计

辊筒是滚筒输送线中不可缺少的输送机配件，具有结构合理、精度高、噪声低、转动灵活、承载范围大、外形美观等显著优点。

1）辊筒选型步骤

辊筒选型步骤如图 5-22 所示。

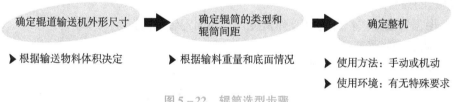

图 5-22 辊筒选型步骤

2）辊筒规格的选择

（1）重量不同应选择合适直径、长度的辊筒，辊筒长度可按要求生产，一般情况下是货物宽度 +50 mm，如图 5-23（a）所示。

（2）不同的使用环境应选择合适种类的辊筒，比如潮湿的环境应选择不锈钢或塑钢类型的辊筒。

（3）在有转弯辊道时应考虑转弯的半径，以保障物料的顺利输送，如图 5-23（b）所示。

（4）为确保货物的平稳输送，必须任何时刻都至少有三支辊筒与输送物保持接触，对软袋包装物必要时应加托盘输送，如图 5-23（c）所示。

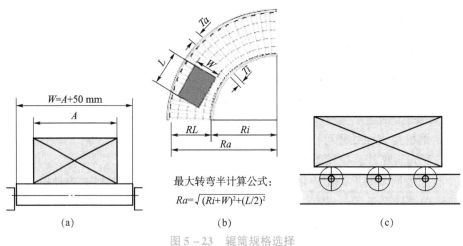

最大转弯半计算公式：

$$Ra=\sqrt{(Ri+W)^2+(L/2)^2}$$

图 5－23　辊筒规格选择

3）辊筒的分类

（1）根据有无动力：辊筒可分为无动力辊筒和动力辊筒两大类，均含有直辊和锥辊类型。

（2）根据驱动效果：动力辊筒可分为确动式和积放式两类。

（3）根据驱动形式：动力辊可分为圆带驱动（带槽）、平带驱动（摩擦带）和链条驱动（带链轮）三大类。

（4）根据轴承品种：分为专用精密轴承辊筒和专用冲压轴承辊筒，轴承座包含钢质座和工程塑料座。

（5）根据筒体材质：采用多种材料，实现多种表面处理，从而满足各种不同使用环境下物料输送的需要。

（6）根据安装方式：分为轴心弹簧装入式和固定装入式。

4）辊筒选型代号

辊筒选型代号如图 5－24 所示。

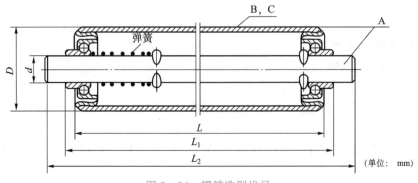

图 5－24　辊筒选型代号

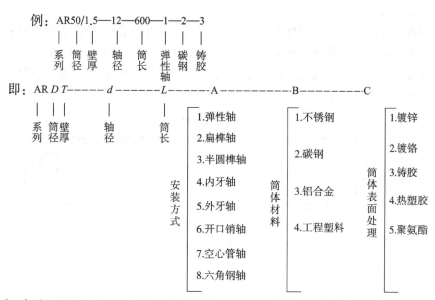

（注）请注明链轮材料：不锈钢、碳钢、工程塑料。

图5－24　辊筒选型代号（续）

5）常用辊筒结构设计

（1）辊筒的外观尺寸。

本次设计的辊筒，辊筒端盖和辊筒轴采用焊接连接，如图5－25所示的2处，所以辊筒壳的辊镀锌处理要在辊筒端盖和辊筒壳焊接之后完成。辊筒壳与辊筒端盖的焊接如图5－25所示的1处。为节省辊筒的生产成本，辊筒轴与辊筒端盖焊接。辊筒的结构和外观尺寸如图5－26所示。

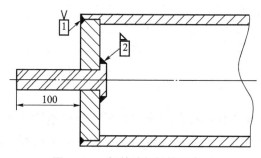

图5－25　辊筒端部焊接示意图

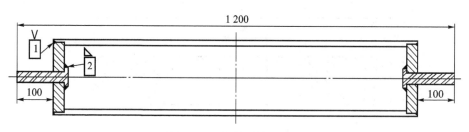

图5－26　辊筒结构尺寸图

（2）辊筒壳设计。

辊镀锌的辊筒多采用性能较好的酸性镀锌工艺，零件混合周期的影响相对较小，一般情况下，辊镀锌的辊筒最大装载质量多为50~60 kg。若再增大看似产能提高了，但由于零件混合周期加长致使电镀时间长，使得成本变高。本着节省成本的前提，辊筒壳设计尺寸如图5-27所示。

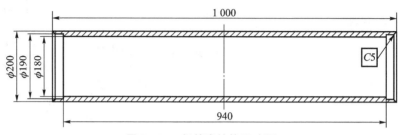

图5-27　辊筒壳结构尺寸图

（3）辊筒轴设计。

轴是穿在轴承中间或车轮中间或齿轮中间的圆柱形物件，但也有少部分是方形的。轴是支承转动零件并与之一起回转以传递运动、扭矩或弯矩的机械零件。一般为金属圆杆状，各段可以有不同的直径。机器中做回转运动的零件就装在轴上。

轴的材料采用碳素钢，碳素钢价格低，对应力集中的敏感性较低，通过热处理或化学处理的办法可以提高其耐磨性和抗疲劳强度，所以我们采用45碳素钢作为轴的材料。辊筒轴结构和尺寸如图5-28所示。

图5-28　辊筒轴结构和尺寸图

（4）辊筒端盖设计。

端盖材料为HT200。HT200抗拉强度和塑性低，但铸造性能和减振性能好，主要用来铸造汽车发动机气缸、气缸套、车床床身等承受压力及振动的部件。辊筒端盖结构和尺寸如图5-29所示。

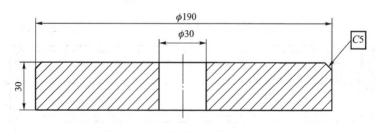

图5-29　辊筒端盖结构和尺寸图

为节省生产滚筒的成本，辊筒轴没有横贯两个端盖，辊筒轴与端盖焊接示意图如图 5 – 30 所示。

6）辊筒的表面处理方法

辊筒的表面处理方法根据环境不同、使用场合不同，可以进行不同的表面处理。一般情况下，辊筒的表面处理方法分为以下几种：

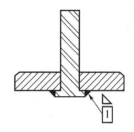

图 5 – 30　辊筒轴与端盖
焊接示意图

（1）镀锌。

镀锌适用于轻工、仪表、机电、农机、国防等工业设备设施，是目前最为通用的辊筒表面处理方式，属于真正的环保镀锌，与传统的氧化镀锌相比，具有以下特点：

①不用剧毒的氰化物，废水易处理；

②镀层结晶细密，光泽好，分散能力和深镀能力接近氰化镀液，适合复杂形状的零件电镀；

③镀液稳定、操作方便；

④对设备无腐蚀；

⑤成本低廉。

（2）镀装饰铬。

装饰铬主要用于汽车、自行车、日用五金制品、家用电器、仪表开关、机械零部件等设备设施。装饰铬采用镍、镍铬电镀工艺，确保产品质量。表面为银白色，装饰铬具有防腐蚀性强和外观装饰效果好的特点，具有很高的反光系数。

（3）包胶处理。

包胶辊是在金属钢管上被覆橡胶层，经硫化制成的橡胶制品。与普通辊筒相比，包胶辊筒具有有弹性、能耐磨、耐酸碱、耐油（丁腈橡胶）、耐温、不生锈等特点，若要提高耐磨性、耐温和耐腐蚀等性能则采用进口原料和胶黏剂，常用的为天然橡胶和丁腈橡胶两种，以黑色、绿色、淡灰色为推荐色。

（4）镀硬铬。

硬铬又称为耐磨铬，该处理能增加滚筒表面的硬度，提高耐磨性、耐温和耐腐蚀等，用于机械模具、塑料模具、耐蚀阀门、印刷、纺织造纸辊筒的处理及工量具，表面为银白色。

5.5　考核评价

考核任务 1　掌握皮带输送线的设计与使用维护事项

要求：掌握皮带线的机构特点和设计要点，能够根据实际使用需求，对小皮带线独立进行设计；掌握皮带线的安装与维护要点。

考核任务 2　掌握滚筒输送线的选型注意事项和常用辊筒结构

要求：能够根据实际需求，对滚筒输送线进行选型；了解辊筒的结构和表面处理方法，能够独立设计简单常用的辊筒。

项目六

焊接机器人工作站工装设计

6.1 项目描述

关于焊接机器人有如下介绍。

定义：焊接机器人是现代工业机器人众多种类中的一种，从事焊接（包括切割与喷涂）作业。

用途：主要用于工件的焊接、切割或热喷涂。

组成：焊接机器人主要包括机器人和焊接设备两部分。机器人由机器人本体和控制柜（硬件及软件）组成。而焊接装备，以弧焊及点焊为例，则由焊接电源（包括其控制系统）、送丝机（弧焊）、焊枪（钳）等部分组成。对于智能机器人还应有传感系统，如激光或摄像传感器及其控制装置等。

应用领域：焊接机器人目前已广泛应用于汽车制造业汽车底盘、座椅骨架、导轨、消声器以及液力变矩器等的焊接，尤其在汽车底盘焊接生产中得到了广泛的应用。汽车生产的后桥、副车架、摇臂、悬架、减振器等轿车底盘零件大都是以 MIG 焊接工艺为主的受力安全零件，主要构件采用冲压焊接，板厚平均为 1.5~4 mm，焊接主要以搭接、角接接头形式为主，焊接质量要求相当高，其质量的好坏直接影响到轿车的安全性能。应用机器人焊接后，大大提高了焊接件的外观和内在质量，并保证了质量的稳定性和降低了劳动强度，改善了劳动环境。

主要优点：

（1）稳定和提高焊接质量，能将焊接质量以数值的形式反映出来；

（2）提高劳动生产率；

（3）改善工人劳动强度，可在有害环境下工作；

（4）降低了对工人操作技术的要求；

（5）缩短了产品改型换代的准备周期，减少相应的设备投资。

主要类别：按照使用目的来分，焊接机器人可以分为弧焊机器人和点焊机器人两种。其区别如图 6-1 所示。

本项目的主要学习内容包括：了解焊接机器人工作基本组成，了解焊接的基本理论，掌握焊接机器人工装夹具设计，掌握焊接机器人法兰连接部件设计，掌握焊接机器人变位机系统设计。

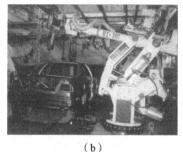

（a）　　　　　　　　　　　　　　（b）

图 6 – 1　焊接机器人示意图

（a）弧焊机器人；（b）点焊机器人

6.2　教　学　目　的

通过本项目的学习与实践，学生应：

（1）掌握焊接机器人工作基本组成；

（2）掌握焊接机器人焊接系统组件的选用方法；

（3）掌握焊接机器人针对不同工件时的各种工装夹具设计方法；

（4）掌握焊接机器人法兰连接部件设计方法；

（5）掌握焊接机器人气压传动等其他周边辅助系统设计方法。

6.3　知　识　准　备

6.3.1　焊接机器人的工作场景

焊接机器人的工作场景如图 6 – 2 所示，具体焊接过程示意如图 6 – 3 所示。

图 6 – 2　焊接机器人的工作场景

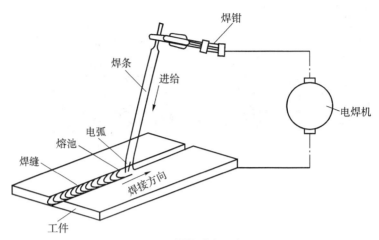

图 6-3　焊接过程示意图

6.3.2　了解焊接

焊接：也称作熔接、镕接，是一种以加热、高温或者高压的方式接合金属或其他热塑性材料如塑料的制造工艺及技术。

焊接通过下列三种途径达成接合的目的（图 6-4）：

（1）熔焊——加热欲接合之工件使之局部熔化形成熔池，熔池冷却凝固后便接合，必要时可加入熔填物辅助，它适合各种金属和合金的焊接加工，不需压力。

（2）压焊——焊接过程必须对焊件施加压力，适用于各种金属材料和部分金属材料的加工。

（3）钎焊——采用比母材熔点低的金属材料做钎料，利用液态钎料润湿母材，填充接头间隙，并与母材互相扩散实现连接焊件。适合于各种材料的焊接加工，也适合于不同金属或异类材料的焊接加工。

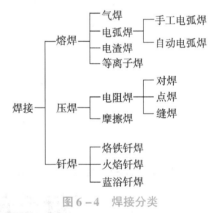

图 6-4　焊接分类

焊接种类中，属熔焊最为常见，应用最广。

在熔焊的过程中，如果大气与高温的熔池直接接触，则大气中的氧就会氧化金属和各种合金元素。大气中的氮、水蒸气等进入熔池，还会在随后冷却过程中在焊缝中形成气孔、夹渣、裂纹等缺陷，恶化焊缝的质量和性能。

为了提高焊接质量，人们研究出了各种保护方法。例如，气体保护电弧焊就是用氩、二氧化碳等气体隔绝大气，以保护焊接时的电弧和熔池率；又如钢材焊接时，在焊条药皮中加入对氧亲和力大的钛铁粉进行脱氧，就可以保护焊条中有益元素锰、硅等免于氧化而进入熔池，冷却后获得优质焊缝。

焊接时形成的连接两个被连接体的接缝称为焊缝。焊缝的两侧在焊接时，会受到焊接热作用而发生组织和性能变化，这一区域被称作为热影响区。焊接时因工件材料、焊接材料、焊接电流等方面的不同会恶化焊接性。这就需要调整焊接的条件，焊前对焊件接口处的预热、焊时保温和焊后热处理，可以改善焊件的焊接质量。

另外，焊接是一个局部的迅速加热和冷却过程，焊接区由于受到四周工件本体的拘束而不能自由膨胀和收缩，冷却后在焊件中便产生焊接应力和变形。重要产品焊后都需要消除焊接应力，矫正焊接变形。

现代焊接技术已能焊出无内外缺陷的、机械性能等于甚至高于被连接体的焊缝。被焊接体在空间的相互位置称为焊接接头，接头处的强度除受焊缝质量影响外，还与其几何形状、尺寸、受力情况和工作条件等有关。接头的基本形式有对接、搭接、丁字接（正交接）和角接等。

对接接头焊缝的横截面形状，决定于被焊接体在焊接前的厚度和两接边的坡口形式。焊接较厚的钢板时，为了焊透而在接边处开出各种形状的坡口，以便较容易地送入焊条或焊丝。坡口形式有单面施焊的坡口和两面施焊的坡口。选择坡口形式时，除保证焊透外还应考虑施焊方便、填充金属量少、焊接变形小和坡口加工费用低等因素。

厚度不同的两块钢板对接时，为避免截面急剧变化引起严重的应力集中，常把较厚的板边逐渐削薄，使两接边处等厚。对接接头的静强度和疲劳强度比其他接头高。在交变、冲击载荷下或在低温高压容器中工作的连接，常优先采用对接接头的焊接。

搭接接头的焊前准备工作简单，装配方便，焊接变形和残余应力较小，因而在工地安装接头和不重要的结构上时常采用。一般来说，搭接接头不适于在交变载荷、腐蚀介质、高温或低温等条件下工作。

采用丁字接头和角接头通常是由于结构上的需要。丁字接头上未焊透的角焊缝特点与搭接接头的角焊缝相似。当焊缝与外力方向垂直时便成为正面角焊缝，这时焊缝表面形状会引起不同程度的应力集中；焊透的角焊缝受力情况与对接接头相似。

角接头承载能力低，一般不单独使用，只有在焊透时，或在内外均有角焊缝时才有所改善，多用于封闭型结构的拐角处。

焊接产品比铆接件、铸件和锻件重量轻，对于交通运输来说可以减轻自重，节约能量。焊接的密封性好，适于制造各类容器。发展联合加工工艺，使焊接与锻造、铸造相结合，可以制成大型、经济合理的铸焊结构和锻焊结构，经济效益很高。采用焊接工艺能有效利用材料，焊接结构可以在不同部位采用不同性能的材料，充分发挥各种材料的特长，达到经济、优质的目的。焊接已成为现代工业中一种不可缺少而且日益重要的加工工艺方法。

为了提高焊接结构的生产效率和质量，一方面可以从焊接工艺着手，另一方面可以进行准备车间的技术改造。准备车间的主要工序包括材料运输、材料表面去油、喷砂、涂保护漆、钢板划线、切割、开坡口、部件组装及点固。以上工序在现代化的工厂中均已实现机械化、自动化。其优点是不仅提高了产品的生产率，而且提高了产品的质量。

注：本项目将以惰性气体保护弧焊机器人工作站作为案例。

6.3.3　焊接机器人系统组成

1. 焊接系统总体组成

焊接机器人系统主要包括焊接电源、机器人控制柜、机器人本体、示教器、送丝机、焊枪、丝盘箱以及之间的连接线、工作台、固定架等，如图6-5所示。另外有一些附属设备，如气源、烟尘净化器、清枪机构等。

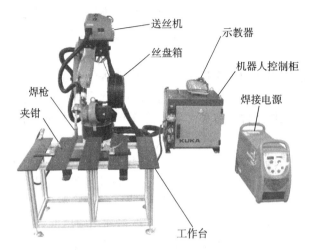

图6-5　焊接机器人系统组成

焊接机器人系统各个部分的连接关系如图6-6所示。

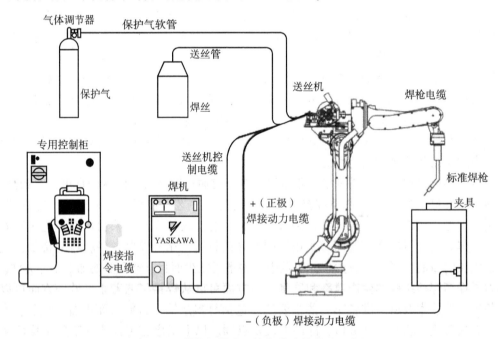

图6-6　焊接机器人系统部件连接关系示意图

较为大型和复杂的焊接件，如油罐、大型结构件，需要翻边和整圈焊接，简单的工作台不能满足工件装夹和焊接位置改变的要求，这时候还需要配备变位机，夹持工件进行移动或转动，以适应全方位的焊接，如图6-7所示（变位机的详细设计在后面章节讲解）。

2. 沙福420焊机介绍

沙福420焊机焊接参数如表6-1所示。

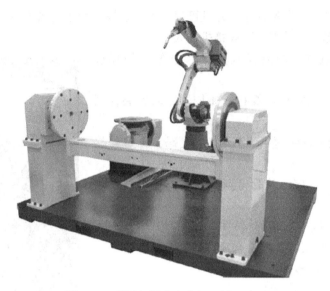

图 6 – 7　焊接机器人变位机系统示意图

表 6 – 1　焊接参数

型号　（DIGI@PULS）	320/320 W	420 W
相数/频率	三相输入 400 V（＋15%／－20%）50/60 Hz	
最大初级电流	21.2 A	29 A
空载电压	86 V	86 V
输出电流范围	15 ~ 320 A	15 ~ 420 A
暂载率 60%/40 ℃	320 A	420 A
暂载率 100%/40 ℃	270 A	350 A
焊丝直径	0.8 ~ 1.6 mm	0.8 ~ 1.6 mm
送丝速度	1 ~ 25 m/min	
防护等级	IP 23	
绝缘等级	H	
尺寸（长×宽×高）	265 mm × 590 mm × 383 mm	
净重	17.5 kg	17.5 kg

焊机特点：

- 数字式逆变脉冲 MIG 焊机；
- 工业生产中，几乎可以用来焊接所有可焊金属，焊接各种板厚材料；
- 操作简单，一元化控制，参数调节简单；
- 欧洲顶级产品，多项专利技术，保证最优焊接质量；

- 超过100多条的专家程序，并且可存储100条焊接程序（选配专家送丝机）；
- 用于手工焊、自动焊，可连接机器人；
- 2T、4T、点焊、四阶模式、双脉冲等多种焊接循环；
- 可配调节电流推拉丝焊枪、遥控器、内置遥控器的液晶数显焊枪；
- 检测、显示焊接参数、错误信息代码，锁定焊接参数；
- 可更新专家程序，随时得到最新的焊接科技发展成果；
- 快速短弧SSA（薄板焊接）；
- 超射流模式SM（焊接铝合金厚板）；
- 冷双脉冲（薄板焊接）。

焊接硬件连接（图6-8）：

①焊接电源（380 V）；

②焊机总开关；

③I/O（与机器人通信）信号线；

④送丝机信号线；

⑤焊枪电源＋；

⑥焊枪电源－。

图6-8　焊机接线端口

3. 清枪剪丝机构介绍

由于焊接过程中的焊渣飞溅，焊枪上堆积很多焊渣，如不及时清理，势必会影响到后续的送丝焊接，焊接停止后，也需要剪断焊丝，为后续的焊接做好准备，这个过程由专门的设备来完成，如图6-9和图6-10所示。

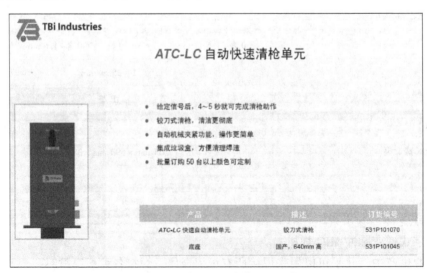

图6-9　焊接机器人清枪单元示意图

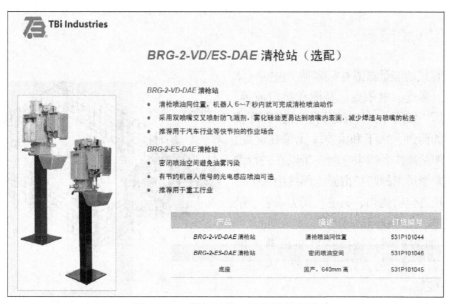

图 6 – 10　焊接机器人清枪站示意图

4. 烟尘净化机构介绍

由于焊接过程中产生烟雾灰尘等有害物质，对环境造成污染，设置除尘设备十分必要，选用专业的焊接除尘设备，如图 6 – 11 所示。

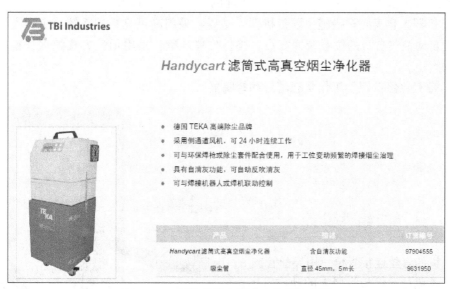

图 6 – 11　焊接机器人烟尘净化器示意图

6.3.4　焊接机器人工作站总体组成

图 6 – 12 所示是焊接机器人工作站。除焊接机器人系统外，工作站还需设置安全围栏、安全门等防护设备，惰性气体放置于安全位置，同时配备电脑桌等外围设备。

6.3.5　安全措施

现代焊接的能量来源有很多种，包括气体焰、电弧、激光、电子束、摩擦和超声波等。除了在工厂中使用外，焊接还可以在多种环境下进行，如野外、水下和太空。无论在何处，焊接都可能给操作者带来危险，所以在进行焊接时必须采取适当的防护措施。焊接给人体可能造成的伤害包括烧伤、触电、视力损害、吸入有毒气体、紫外线照射过度等。

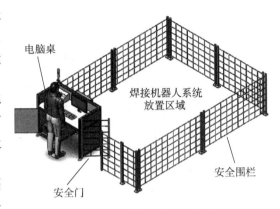

图 6-12　焊接机器人工作站

（1）加防护网，使操作员与机器人隔离。确保工作时任何人无法与机器人及相关运动部件接触。

（2）安全锁保证措施：进入机器人防护网内进行检修，必须用专用钥匙。只有相应操作员有该钥匙。当对机器人进行检修等要进入防护网内，必须把钥匙取下放置在操作员手里。钥匙取下就自动下电，采用多级串连方式保护。同时在防护网内有上下电总开关，在防护网外面也有上下电总开关。仅当里外两个总开关都闭合且钥匙也在闭合位置时才能给设备上电。当钥匙取下或处于开的位置，里面的总开关自动断开。

（3）机器人自身安全措施主要是机器人防碰：采用高可靠数控系统；机器人每完成一个任务就自动检测自身的位置及回零点，确保位置准确；采用示教方式编程，验证产生程序到正确为止。

（4）带有急停按钮、工作状态塔灯和蜂鸣器。

6.4　任务实现

任务 1　送丝机组件设计

送丝机的焊丝连接焊枪，用导丝管支撑。为了避免送丝机与机器人的动作发生干涉，将送丝机安装在机器人的 4 轴上，通过安装支架，调整安装位置，使送丝机出口正对焊枪。丝盘箱安装在 1 轴上，跟随送丝机动作，为避免焊丝过度弯折，在丝盘箱安装支架上设置导向板，调整焊丝的姿态，如图 6-13 所示。

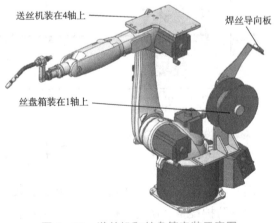

图 6-13　送丝机和丝盘箱安装示意图

特别值得注意的是：送丝机和送丝机安装支架之间务必使用绝缘垫或者绝缘套进行绝缘，要保证固定螺丝不与送丝机上的任何金属接触。

送丝机的连接如图 6 – 14 所示。

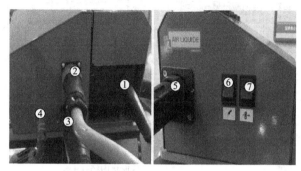

图 6 – 14　送丝机接口

1—焊丝接头；2—送丝机信号接口；3—焊枪＋电源接头；4—保护气接头；

5—焊枪＋电源、焊丝、保护气集成线接口；6—手动送气按键；7—手动送丝按键

任务 2　焊枪组件设计

第一步：确定机器人焊枪型号。

焊枪采用德国 TBi（泰佰亿）ROBO 7G 空冷经济型机器人焊枪，45°枪颈，如图 6 – 15 所示。

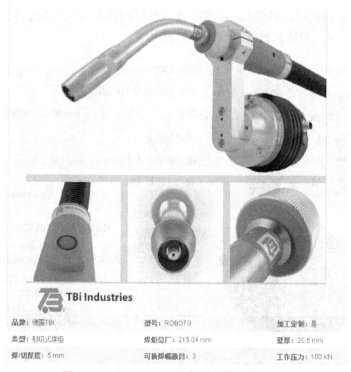

图 6 – 15　ROBO 7G 空冷经济型机器人焊枪

ROBO 7G 空冷经济型机器人焊枪标配耗材如图 6 – 16 所示。

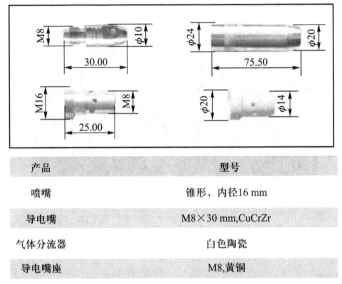

产品	型号
喷嘴	锥形，内径16 mm
导电嘴	M8×30 mm,CuCrZr
气体分流器	白色陶瓷
导电嘴座	M8,黄铜

图 6 – 16　ROBO 7G 空冷经济型机器人焊枪标配耗材

德国 TBi（泰佰亿）机器人焊枪特点如下：

（1）德国 TBi 机器人焊枪更高效的生产能力。

德国 TBi 机器人焊枪采用进口高强度不锈钢枪体，坚固耐用，能有效降低机器人的停机维护时间，德国 TBi 机器人焊枪无须任何校枪工具。装有防撞传感器，如图 6 – 17 所示，在机器人焊枪与障碍物发生碰撞时，它能够提供可靠的自动停运功能，保护系统免受机械损伤。负载达到 3 kg（包括支枪臂、枪颈和集成电缆）。

技术参数

防碰撞传感器 TBi KSB(-S)

功能	全机械式，弹簧支撑
轴向释放力	KS1: 960 N　　KS1-S: 550 N
横向释放扭矩(Mx/My)	KS1: 32.2 N·m　　KS1–S: 18.2 N·m
最大许用形变量	6.5° (距绝缘法兰端面350 mm处测得偏移40 mm)
最小许用形变量	1.2° (距绝缘法兰端面350 mm处测得偏移8 mm)
重复定位精度	横向<0.04 mm (距绝缘法兰端面300 mm处测得)
特征	—独立的手动送丝按钮 —集成绝缘法兰
选配	—带螺钉及定位销的连接法兰 —与各种机器人直连的转接法兰
质量	约1.96 kg

图 6 – 17　TBi KS1 防碰撞传感器

电路连接

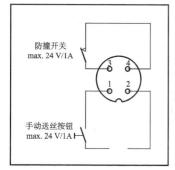

尺寸

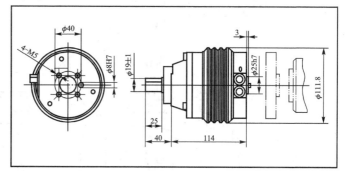

TBi防碰撞传感器KS1用于和TBi机器人焊枪(MIG、MAG、TIG、等离子)或其他质量为2~3 kg的装置相连接。其使用范围取决于负载重量、负载重心与连接法兰的相对位置以及机器人的运动速度等。防撞传感器KS1-S适合与较轻的装置相连,如TBi和TIG焊枪,此防碰撞传感器的释放力较小

图 6 – 17　TBi KS1 防碰撞传感器（续）

（2）德国 TBi 机器人焊枪可靠的引弧技术。

由于德国 TBi 机器人焊枪持有独特的焊丝强迫接触设计,即使是使用机器人焊枪直枪颈,也能够取得很好的焊接起弧效果。

（3）德国 TBi 机器人焊枪减少维持时间。

德国 TBi 机器人焊枪独有的吹扫气体通道,能吹走部分焊枪里面的焊渣并冷却机器人焊枪枪体。德国 TBi 机器人焊枪易耗品（专利五星导电嘴等）、机器人焊枪枪颈、电缆等都具有超长使用寿命,一般情况下更换德国 TBi 机器人焊枪无须重新调整机器人焊枪枪颈和机器人的位置。

（4）德国 TBi 机器人焊枪系统中的所有部件都出之同源。

德国 TBi 机器人焊枪的所有部件、易耗件等均来源于德国先进的焊枪工艺技术,使德国 TBi 机器人焊枪所有部件配合得天衣无缝,适用于各种高强度的工业焊接要求。

（5）德国 TBi 机器人焊枪大量地节省焊枪保护气体。

德国 TBi 机器人焊枪的制造工艺根据枪型和焊接工艺的不同而设计,使德国 TBi 机器人焊枪每分钟使用的焊接保护气体消耗量仅为 6~8 L,与其他厂商生产的机器人焊枪同类产品具有不可比拟的突出优势。

第二步：确定机器人法兰盘的尺寸,如图 6 – 18 所示。

第三步：确定机器人法兰盘和焊枪的连接。

焊枪支枪臂连接法兰如图 6 – 19 所示。

将焊枪支枪臂连接法兰安装到机器人法兰上,螺丝紧固,如图 6 – 20 所示。这样焊枪就和机器人连成一体,即可以由机器人控制焊枪进行焊接动作了。

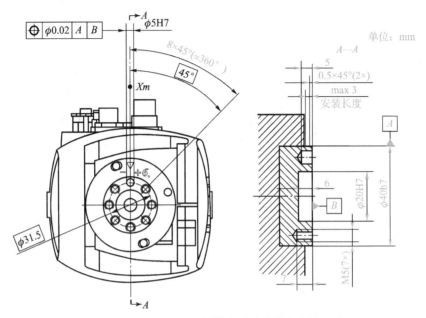

图 6-18　KR5_R1400 机器人手腕法兰盘连接尺寸

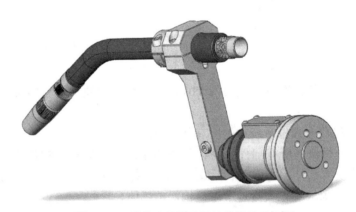

图 6-19　焊枪支枪臂连接法兰结构示意图

图 6-20　焊枪支枪臂与机器人法兰连接示意图

任务3　工作台工装设计

焊接工件时，工件必须固定好位置，这样，焊枪移动的路线才可以确定，因此，必须设置工件的安装台面和工装夹具。根据焊接工件的形状大小和焊接难易程度，设置工作台或者变位机，然后针对工件设置相应的夹具。夹具设置需要避开焊枪的行走路径，防止碰撞。

以简单的平板堆焊为例，焊枪行走路径如图6-21所示。

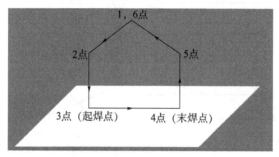

图6-21　平板堆焊示意图

因焊接工件简单，工作台设置一个简易的平台即可，工件平放于台面上，焊缝处坡口相对，压钳压住四周，如图6-22所示。

平板角焊也适应这个工作台，如图6-23所示。需要注意的是，工件固定方式就不同了，不仅平放的工件需要固定，竖立的工件也需要固定，并且需要保持正确的相对位置，可以用组合夹具固定。

图6-22　工作台工装设置示意图

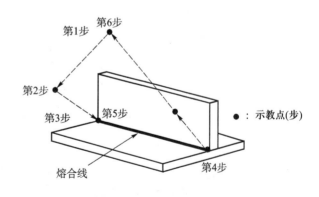

图6-23　角焊示意图

任务4　变位机组件设计

1. 焊接变位机的分类

变位机按结构分为三类：

（1）伸臂式焊接变位机，如图6-24所示。

伸臂式焊接变位机结构特点与性能：回转工作台安装在伸臂一端，伸臂一般相对于某倾斜轴成角度回转，而此倾斜轴的位置多是固定的，但有的也可在小于 100° 的范围内上下倾斜。该机变位范围大，作业适应性好，但整体稳定性差。其适用范围为 1 t 以下中小工件的翻转变位。在手工焊中应用较多。多为电动机驱动，承载能力在 0.5 t 以下，适用于小型罕见的翻转变位。也有液压驱动的，承载能力强，适用于结构尺寸不大但自重较大的焊件。

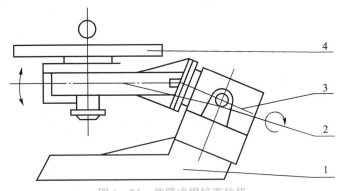

图 6 - 24　伸臂式焊接变位机
1—机座；2—伸臂；3—倾斜轴；4—回转工作台

伸臂式焊接变位机在手工焊中应用较多。

（2）座式焊接变位机，如图 6 - 25 所示。

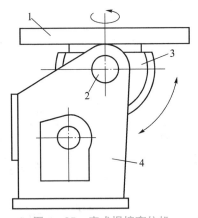

图 6 - 25　座式焊接变位机
1—回转工作台；2—倾斜轴；3—扇形齿轮；4—机座

座式焊接变位机工作台有一个整体翻转的自由度。可以将工件翻转到理想的焊接位置进行焊接。另外工作台还有一个旋转的自由度。该种变位机已经系列化生产，主要用于一些管、盘的焊接。工作台边同回转机构支承在两边的倾斜轴上，工作台以焊速回转，倾斜边通过扇形齿轮或液压油缸，多在 140° 的范围内恒速倾斜。该机稳定性好，一般不用固定在地基上，搬移方便。其适用范围为 1 ~ 50 t 工件的翻转变位，是目前应用最广泛的结构形式，常与伸臂式焊接操作机配合使用。

座式焊接变位机是通过工作台的回转或倾斜，使焊缝处于水平或船形位置的装置。工作台旋转采用变频无级调速，工作台通过扇形齿轮或液压油缸驱动倾斜。它可以实现与操作机或焊机的联控。控制系统可选装三种配置：按键数字控制式、开关数字控制式和开关继电器控制式。该产品应用于各种轴类、盘类、筒体等回转体工件的焊接，是目前应用最广泛的结构形式。

座式焊接变位机根据载重不同，可分为座式焊接变位机和小型座式焊接变位机，如图 6 - 26 所示。

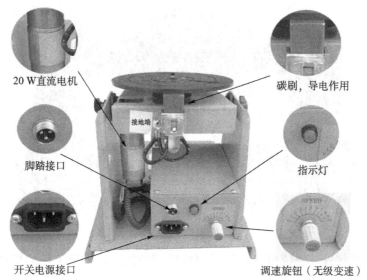

20 W直流电机

碳刷，导电作用

接地端

脚踏接口

指示灯

开关电源接口

调速旋钮（无级变速）

图 6 - 26　小型座式焊接变位机示意图

该机稳定性好，一般不用固定在地基上，搬移方便，适用于 0.5～50 t 焊件的翻转变位，是目前产量最大、规格最全、应用最广的结构形式。常与伸臂式焊接操作机或弧焊机器人配合使用。

（3）双座式焊接变位机，如图 6 - 27 所示。

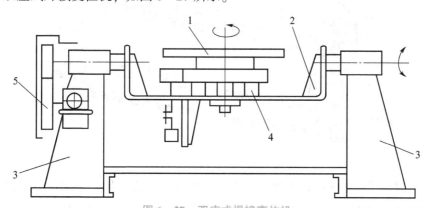

图 6 - 27　双座式焊接变位机
1—工作台；2—型架；3—机座；4—回转机构；5—倾斜机构

双座式焊接变位机是集翻转和回转功能于一身的变位机械。翻转和回转分别由两根轴驱动，夹持工件的工作台除能绕自身轴线回转外，还能绕另一根轴做倾斜或翻转，它可以将焊件上各种位置的焊缝调整到水平的或"船型"的易焊位置施焊，适用于框架型、箱型、盘型和其他非长型工件的焊接。双座式焊接变位机种类很多，典型的如图 6 - 28 所示。

工作台座在 U 形架上，以所需的焊速回转，U 形架座在两侧的机座上，多以恒速或所需焊速绕水平轴线转动。该机不仅整体稳定性好，而且如果设计得当，工件安放在工作台上以后，倾斜运动的重心将通过或接近倾斜轴线，而使倾斜驱动力矩大大减少，因此，重型变位机多采用这种结构。其适用范围为 50 t 以上重型大尺寸工件的翻转变位，多与大型门式焊接操作机或伸臂式焊接操作机配合使用。

图 6 - 28　双座式焊接变位机示意图

对于特殊的焊接件，变位机的设计相应地进行变化，以适应工件的焊接，如图 6 - 29 和图 6 - 30 所示。

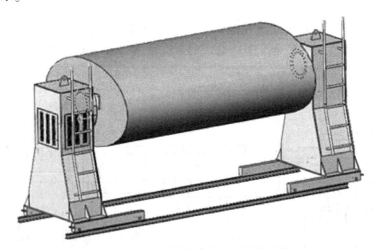

图 6 - 29　双座式焊接变位机（焊接油罐）

用于罐体制作过程中的焊接工序，将罐体与夹具焊接成一体，固定在变位机的工作台上，使车架可以在 360°范围内做任意翻转，因此焊接过程中，纵向立焊、仰焊焊缝能快速变位后转化为平焊，使复杂的焊接工作变得更加简单，使焊接现场更加安全和规范，从而保证焊缝质量，提高焊接效率。

主要技术参数：

①最大翻转质量：5 000 kg；

②可翻转工件长度：5 000 ~ 20 000 mm；

③可翻转工件宽度：3 600 mm；

④工作台翻转角度：360°×n 圈；

⑤工作台翻转速度：0.4～1.5 r/min，回转驱动变频无级调速，在转速范围内，承受最大载荷时转速波动不大于5%；

⑥最大偏心距：200 mm；

⑦回转中心高：≥1 700 mm（以地平面为基准）；

⑧允许最大焊接电流：≥1 000 A。

产品型号	JY-09
输入电源	380 V 50/60 Hz
负载能力	500 kg
工作台高度	617 mm
工作台转速	快慢可调
翻转角度	0°~360°
反转方式	自动控制
电机功率	1 kW
外形尺寸	685 mm×468 mm×617 mm

图6-30　双座式焊接变位机（焊接大型结构件）

双座式焊接变位机适用于50 t以上大尺寸焊件的翻转变位。在焊接作业中，常与大型门式焊接操作机或伸臂式焊接操作机配合使用。

焊接变位机的基本结构形式虽只有上述三种，但其派生形式很多，有些变位机的工作台还具有升降功能，如图6-31所示。

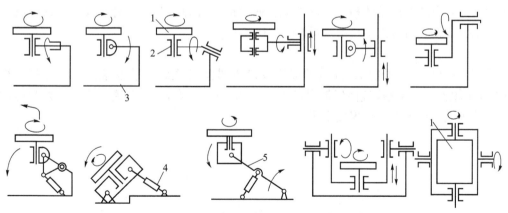

图6-31　变位机的派生形式示意图

1—工作台；2—轴承；3—机座；4—推举液压缸；5—伸臂

2. 焊件变位机械类型

焊件变位机械的主要功能是实现焊件的回转、翻转，或者既能翻转又能回转，使工件处于最便于装配和焊接的位置。包括：焊接翻转机、焊接回转台、焊接滚轮架、焊接变位器。

3. 焊接变位机的应用场合

焊接变位机主要用于机架、机座、机壳、法兰、封头等非长型焊件的翻转变位。

4. 结构件焊接变位机的选型

①根据焊接结构件的结构特点选择合适的焊接变位机。例如，装载机后车架、压路机机架可用双立柱单回转模式，装载机的前车架可选 L 形双回转式，装载机铲斗焊接变位机可设计成 C 形双回转式，挖掘机车架、大臂等可用双座式头尾双回转型式，对于一些小总成焊接件可选取目前市场上已系列化生产的座式通用变位机。

②根据手工焊接作业的情况，所选的焊接变位机能把被焊工件的任意一条焊缝转到平焊或船焊位置，避免立焊和仰焊，保证焊接质量。

③选择开敞性好、容易操作、结构紧凑占地面积小的焊接变位机，工人操作高度尽量低，安全可靠。工装设计要考虑工件装卡简单方便。

④工程机械大型的焊接结构件变位机的焊接操作高度很高，工人可通过垫高的方式进行焊接。焊接登高梯的选取直接影响焊接变位机的使用，视高度情况可用小型固定式登高梯、三维或两维机械电控自动移动式焊接升降台。

5. 焊接变位机的变位自由度

涉及用户对设备装备的理念，以及考虑用于手把焊和自动焊的不同用途，选择和设计焊接变位机时，除主变位自由度外，还要考虑增加辅助变位自由度。如大件焊接，可增加升降运动自由度。

另外，某些焊件，由于焊缝分布简单，用一个回转自由度就可以解决焊件中大部分和重要焊缝的船焊要求，其余少量非重要焊缝，虽然不能实施船角焊，但可以实施平角焊。这样，为简化设备造价，工艺上便考虑采用单自由度或功能退化的焊接变位机，即单回转式变位机。根据使用要求，同样也可以增加辅助自由度。例如，升降式和尾架移动式等。还有一些工位变位机，为适用于焊接工位的工艺要求，这种焊接变位机的某些自由度，与施焊无关。还有从工位设计和稳定性考虑，两台或多台焊接变位机合并设计，这样就出现了多种工位变换和组合式多自由度焊接变位机产品。

6. 焊接机器人工作站变位机主要用途

焊接变位机是一种通用、高效的以实现环缝焊接为主的焊接设备。可配合氩弧焊机（填丝或不填丝）、熔化极气体保护焊机（CO_2/MAG/MIG 焊机）、等离子焊机等焊机电源并可与机器人组成机器人自动焊接系统。

6.5 考核评价

考核任务 1 熟练掌握焊接理论知识

要求：了解焊接的基本理论知识；了解典型的弧焊机器人特点；熟练掌握焊接的实现方法和基本工具；能够用专业语言正确、流利地展示弧焊焊接定义，思路清晰、有条理；能圆满回答老师与同学提出的问题，并能提出一些新的建议。

考核任务 2 熟练掌握焊接机器人工作站的组成

要求：能够熟练掌握 KUKA 焊接机器人 KR5_R1400 的基本结构和基本尺寸；熟练掌握

焊接机器人工作站各组成部分的功用；能够用专业语言正确、流利地展示配置基本的步骤，思路清晰、有条理；能圆满回答老师与同学提出的问题，并能提出一些新的建议。

考核任务3　熟练掌握焊接机器人的工装夹具设计

要求：能够熟练掌握 KUKA 焊接机器人各部件的安装固定方式和原理；熟练掌握工作台和焊接工件的安装和固定方法；能用专业语言正确、流利地展示不同部件和工件的工装夹具设计思路和设计方法，思路清晰、有条理；能圆满回答老师与同学提出的问题，并能提出一些新的建议。

项目七

工业机器人工具快换装置应用工装设计

7.1 项 目 描 述

　　工具快换装置（机器人工具快换盘）是一种用于机器人自动、快速更换末端执行器的装置，可快速更换不同的末端执行器，使机器人柔性更好、效率更高，被广泛应用于自动化行业的各个领域。工具快换装置包括机器人侧用来安装在机器人手臂上的主盘和工具侧用来分别安装不同的末端执行器上的副盘。利用压缩空气完成主盘和副盘之间的链接，同时完成电信号的通信，工具快换装置能够让不同的介质例如空气、电信号、液体、视频信号等从机器人手臂连接到末端执行器。

　　在工业自动化生产过程中，由于一台机器人执行多项作业，能够实现机器人的功能多元化，缩短作业时间，适合多品种小批量生产。

　　工具安装在副盘上，如抓具、焊枪或毛刺清理工具等。广泛应用于工业机器人的自动点焊、弧焊、材料抓取、冲压、检测、卷边、装配、材料去毛刺、包装、搬运等作业。

7.2 教 学 目 的

　　通过本项目的学习与实践，学生应：
　　（1）掌握工具快换装置的基本结构及原理；
　　（2）掌握工具快换装置的选型及使用方法；
　　（3）掌握工具快换装置的应用场景和注意事项；
　　（4）掌握工具快换装置与机器人法兰连接部件设计方法；
　　（5）掌握工具快换装置副盘常用末端执行器的设计。

7.3 知 识 准 备

7.3.1 工具快换装置防工具掉落的机械式自锁功能

　　当工具快换装置因某种原因而供气压力下降（或为零）时，可以通过缸体内弹簧的机械式自锁功能有效防止工具掉落，所以安全性很高。

自锁工作原理：初始状态时，硬化锁紧球在第一个锁定斜面上；当活塞启动时，锁止球在硬化钢环和适配器被拉到头部。在气压下降的情况下，锁紧活塞的圆柱形部分保持锁紧活塞。活塞密封摩擦防止活塞因自身重量或振动而移动。头部和适配器只能通过活塞的气动驱动。工具快换装置自锁前状态和自锁状态如图 7-1、图 7-2 所示。

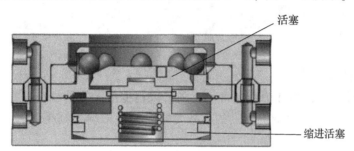

图 7-1　锁定前状态

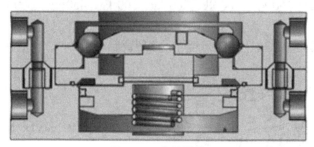

图 7-2　自锁状态

7.3.2　工具快换装置主要特点

● 高定位精度

通过可动式锥形导柱约束方式，可实现 0.01 mm 高精度的定位。

● 触点、探针式电气信号连接

主盘电气信号的触点探头（公端）是弹性伸缩式，副盘电气信号的触点探头（母端）是固定式；主、副盘锁紧后的电气触点探头的公、母头依靠弹性顶紧，这种结构的优点是没有公、母头的接触磨损，其使用寿命长。

● 主、副盘锁紧确认结构

主盘的气缸活塞运动由开、闭两个磁性传感器确认。此外，一般 50 kg 以上的快换装置在主盘上还有一个传感器用于主、副盘锁紧确认，如图 7-3 所示。

在控制过程中，可以通过活塞闭合和主、副盘锁紧两个信号同时满足，以保证机器人更换工具的可靠性。

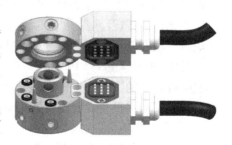

图 7-3　工具快换装置主盘、副盘

7.4　任 务 实 现

任务1　工具快换装置选型

1. 尺寸选择

● 简单尺寸测定

如果更换系统承受的力和力矩非常小，则可以根据最大有效载荷选择快换盘。选择一个快换装置，其最大负载大于机器人的有效负载。如果末端工具受到的力矩变化比较大，应选择精确的方法。

常用额定输出载荷的工具快换装置有：3 kg、6 kg、10 kg、20 kg、24 kg、30 kg、50 kg、70 kg、100 kg、150 kg、160 kg、200 kg、300 kg、450 kg、600 kg 等规格。

● 精确方法

选择正确的快换装置取决于系统承受的力矩载荷（图 7 – 4），应按以下步骤计算最大力矩。

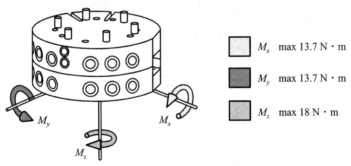

图 7 – 4　工具快换装置力矩载荷示意图

（1）确定最重工具（夹持器、转接板和工具）的重心和重量（单位：牛顿）。

（2）确定从重心到快速更换快换盘（工具盘）下侧的距离（D，单位为米）。

（3）计算静力矩（$m \times D$）。

（4）选择允许力矩等于或大于计算力矩的快换盘。

机器人的移动也会对末端工具产生影响。动态力矩比静态力矩大 2 ~ 3 倍。

2. 气动、电气及水路

确定气动和电动进给的数量和尺寸，同时再确定是否需要冷却水路等特殊情况。

3. 温度和化学品

快换装置上的丁腈密封确保最佳的空气供给。丁腈橡胶 O 形圈密封活塞室非常有效。这两种材料都耐多种化学物质，适用温度为 5 ~ 60 ℃。

4. 特殊环境下的快换装置

工作环境（场所）如果是高温、高湿或场所不定（移动机器人所使用），在选型时需特别注意，具体如表 7 – 1 所示。

表 7 - 1　工具快换装置参考选型表

参数	单位（规格）	取值范围	备注
最大有效载荷	kg	8	在搬运状态下的负荷能力
静力矩 M_{xy}	N·m	13.7	
静力矩 M_z	N·m	18	
锁紧力（6 bar）	N	294（4 组钢珠）	自锁结构（弹簧自保）
重复精度	mm	0.01	
重量	kg	0.23	主盘：0.15；副盘：0.08
电路回路	2 A		电气信号配置：有 2A 9 针、12 针
气路回路	M5（气嘴螺纹）		起管为：$6 \times \phi 6$
锁紧机构		钢珠锁紧	
装、卸确认	装、卸动作确认（两个磁性开关）		
	装、卸实物确认（无）		
工作驱动压力		4~7 bar	
工作环境		5~60 ℃（无结露现象）	

任务 2　工具快换装置与机器人法兰连接部件设计

本任务以机床上下料机器人为集成应用设计，选用 FANUC 公司 25kg 负载机器人 M - 20iD/25，选用 10 kg 负载的工具快换装置。

FANUC M - 20iD/25 机器人如图 7 - 5 所示，机器人手腕法兰盘接口尺寸如图 7 - 6 所示，10 kg 负载的工具快换装置主盘安装尺寸如图 7 - 7 所示。

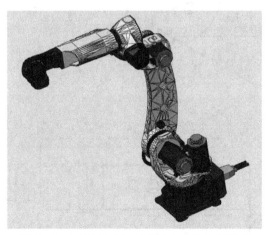

图 7 - 5　FANUC M - 20iD/25 型工业机器人

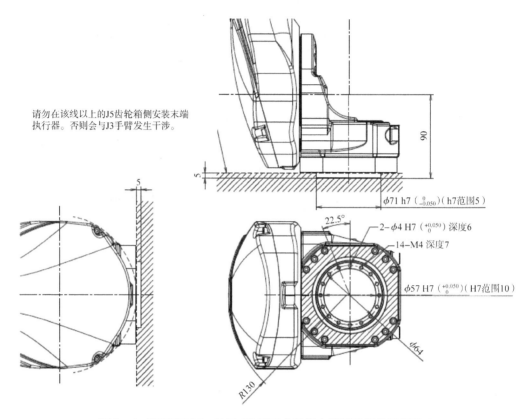

请勿在该线以上的J5齿轮箱侧安装末端
执行器。否则会与J3手臂发生干涉。

图7-6　FANUC M-20iD/25型工业机器人手腕法兰盘接口尺寸

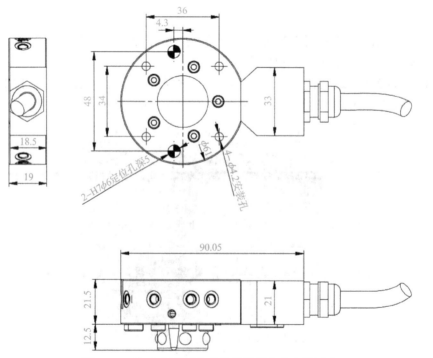

图7-7　10 kg负载的工具快换装置主盘安装尺寸

工具快换装置主盘通过转接盘安装到工业机器人腕部法兰上，如图7-8所示，转接盘设计如图7-9所示。

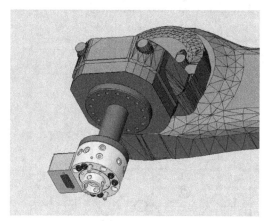

图7-8　工具快换装置主盘与工业机器人法兰安装示意图

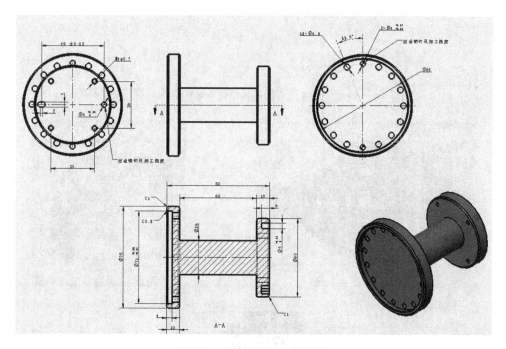

图7-9　转接盘加工尺寸图

任务3　工具快换装置末端工具工件托盘气动夹爪设计

本设计任务为工具快换装置末端工具工件托盘气动夹爪设计。应用场景为：工业机器人通过使用工件快换装置，自动更换末端工具为工件托盘气动夹爪，并将工件托盘（含加工完的工件）搬运至 AGV 小车上。

10 kg 负载的工具快换装置副盘安装尺寸如图 7-10 所示，工件托盘如图 7-11 所示，工件托盘气动夹具如图 7-12 所示，工件托盘气动夹具夹持如图 7-13 所示。

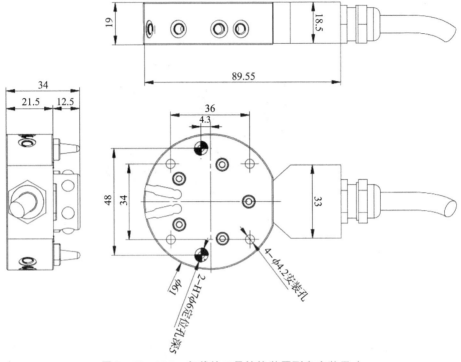

图 7 - 10　10 kg 负载的工具快换装置副盘安装尺寸

图 7 - 11　工件托盘

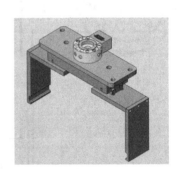

图 7 - 12　工件托盘气动夹具

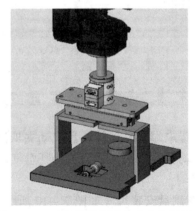

图 7 - 13　工件托盘气动夹具夹持示意图

工件托盘夹具设计要点：工件托盘（含放置的工件印章和印章把手）。依据工件托盘结构和尺寸选用恰当的夹持方式，选用适当的夹持气缸：滑轨型气缸 MHF2－20D2R，如图 7－14 所示；根据托盘尺寸，设计合适的夹爪，如图 7－15 所示；然后通过连接板与快换装置副盘连接；快换工具放置到工作台上面，可以设置多个工位，同时存放所需的多种工具，如图 7－16 所示。

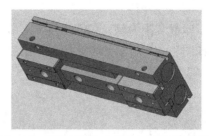

图 7－14　滑轨型气缸 MHF2－20D2R 示意图

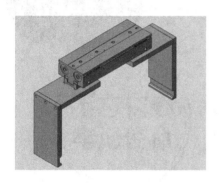

图 7－15　安装夹爪的气缸示意图

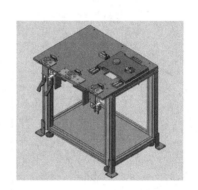

图 7－16　工作台

任务 4　工具快换装置末端工具机加工件气动夹爪设计

本设计任务为工具快换装置末端工具机加工件气动夹爪设计。应用场景为：工业机器人通过使用工件快换装置，自动更换末端工具为加工工件气动夹爪，并从工件托盘将待加工件搬运至加工中心气动卡盘，工件由加工中心自动加工完毕后，再由工件气动夹爪将加工完成的工件放回至工件托盘。

1. 印章本体加工

以印章本体加工为例，我们了解一下机床上下料流程，需要用到的夹具等。首先，机器人从工作台上套取印章本体夹具，如图 7－16 所示，然后从工作台上的工件托盘中夹持印章本体坯料，如图 7－17 所示，送到铣削加工中心的工作台卡盘上，如图 7－18 所示，加工完成后，再夹取印章本体成品，放到工件托盘上，完成一次上下料。

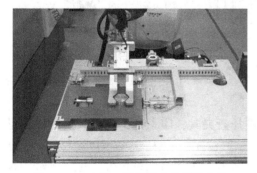

图 7－17　夹持工件托盘中的印章本体

图 7－18　放置印章本体到铣削加工中心卡盘上

2. 印章装配

以印章装配为例，我们了解一下装配流程和需要用到的夹具，再来进行工件夹爪设计。印章如图7－19所示，印章把手如图7－20所示，印章装配如图7－21所示，装配工作台如图7－22所示。

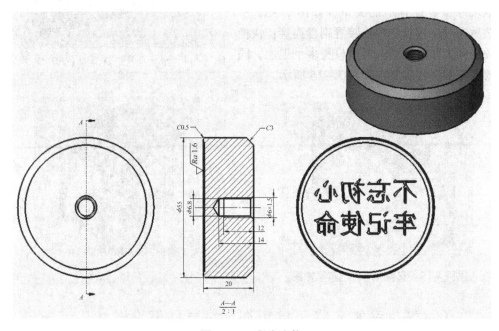

图7－19　印章本体

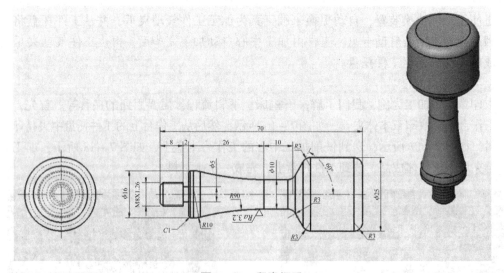

图7－20　印章把手

（1）工作台前侧，依次是印章本体夹具，工件托盘夹具，印章把手夹具；后侧依次是装配工位，工件托盘精定位工位。

（2）先取工件托盘夹具，将工件托盘夹持后，放置到工作台的精定位工位，气缸顶推定位。工件托盘上面装有加工好的印章本体和印章把手。

图 7 – 21 印章装配

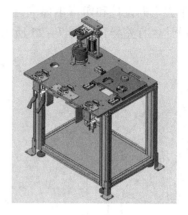

图 7 – 22 装配工作台

（3）更换印章把手夹具，夹持印章把手后，放置到装配工位的气动旋转卡盘上，气动旋转卡盘夹紧定位。

（4）更换印章本体夹具，夹持印章本体后，放置到装配工位的印章本体气动夹爪上，印章本体气动夹爪夹紧定位。

（5）完成装夹后，装配工位的升降气缸动作，放下印章本体后，气动旋转卡盘开始转动，拧紧螺纹。顶升气缸上面装有弹簧，实现拧螺纹时的随动，气动旋转卡盘装有扭力传感器，可以设定和检测拧紧力矩。

（6）完成拧紧后，松开装配工位的印章本体气动夹爪，松开气动旋转卡盘，使用印章把手夹具夹持印章把手部位后，取出装配好的印章，放置到工件托盘的印章放置区，完成装配。

3. 工件气动夹爪设计

印章本体为圆柱，我们选择夹持侧面，利用夹爪的 V 形部夹紧并定心。夹爪工作面和安装面设计成45°角，避免夹持时机器人手腕与工作台等发生干涉，如图 7 – 23 所示。气缸夹持行程为 20 mm，夹爪设置 2 mm 余夹持量，以利于夹持牢固，左右两件对称布置，具体尺寸如图 7 – 24 所示。

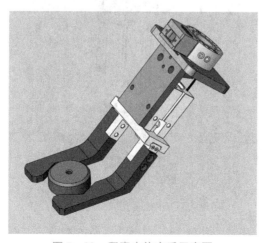

图 7 – 23 印章本体夹爪示意图

印章把手夹爪的设计和印章本体同理，只是尺寸不同，由于在工件托盘中摆放方式不同，其夹爪设计也有差异，如图7-25所示，具体尺寸如图7-26所示。

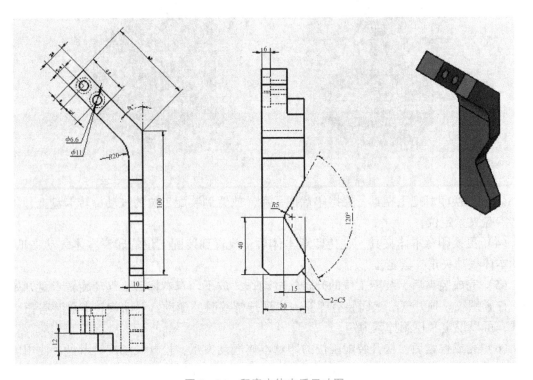

图7-24　印章本体夹爪尺寸图

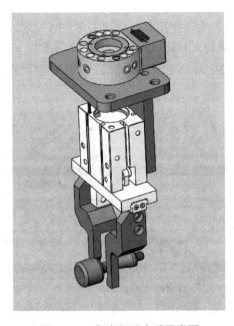

图7-25　印章把手夹爪示意图

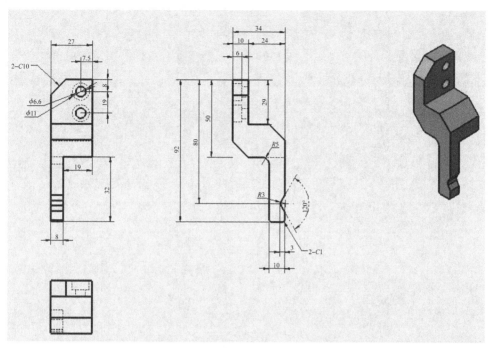

图 7 –26 印章把手夹爪尺寸图

7.5 考核评价

考核任务 1 熟悉工具快换装置选型

要求：了解工具快换装置实现原理、特点；掌握工具快换装置选型主要参数；了解工具快换装置主要应用场景；熟悉工具快换装置常用负载规格。

考核任务 2 掌握工具快换装置末端工具的设计

要求：熟悉常用工具快换装置末端工具；掌握工具快换装置末端工具气动夹爪的设计；掌握工具快换装置末端工具气动吸盘（单吸盘、多吸盘等）的设计；掌握工具快换装置末端装配工具的设计。